成长智慧丛书 | 陆明主编

狼道

陆明◎编著　张振祥◎编译

中国文史出版社

图书在版编目（CIP）数据

狼道/陆明编著；张振祥编译．—北京：中国文史出版社，2019.9

（成长智慧丛书／陆明主编）

ISBN 978-7-5205-1342-5

Ⅰ.①狼… Ⅱ.①陆… ②张… Ⅲ.①成功心理-通俗读物 Ⅳ.①B848.4-49

中国版本图书馆CIP数据核字（2019）第201755号

责任编辑：刘　夏

封面设计：周　飞

出版发行：中国文史出版社

社　　址：北京市海淀区西八里庄路69号　邮编：100036

电　　话：010-81136606 81136602 81136603（发行部）

传　　真：010-81136655

印　　装：三河市金轩印务有限公司

经　　销：全国新华书店

开　　本：880×1230　1/32

印　　张：24　　　字数：395千字

版　　次：2019年9月北京第1版

印　　次：2019年9月第1次印刷

定　　价：160.00元（全四册）

序　言

人们自古就对狼存有误解和偏见，尤其是以儒家文化为正宗的汉民族更是畏狼如虎、憎狼如灾。从人们常说的“狼子野心”“披着羊皮的狼”“色狼”等，便能体现出人们对狼的偏见。然而，说到狼，我们不得不提到古代的一个大人物，那就是成吉思汗。他率领蒙古铁骑，横扫中原和西欧大陆，几乎令全世界都向他臣服，而他采取的就是狼的精神、狼的法则：坚忍——哪怕饥肠辘辘、遭遇挫折，也绝不放弃，一潜伏就是几个昼夜，而一旦出现机会就死死咬住不肯放松；合作——袭击羊群时，往往只有几只狼，但就是这几只尖牙利齿、速度超猛的狼，便可在羊群中掀起一阵腥风血雨，可以说狼所到之处，无不所向披靡，如摧枯拉朽一般……

生命不息则战斗不止，狼道精神正是我们所需要的战斗精神。要知道职场就是战场，生命史就是战斗史，一个只懂逃避的人注定只适合庸碌无为的生活。当代社会已经有越来越多的人像狼一样生存和斗争，这些具有狼道精神的人正在或已经成为人类中的佼佼者。对于当代的年轻人来说，在这种情况下，只有两种选择：要么成为狼，要么被狼吃掉！

很多人都在感慨，生活越来越艰难，竞争越来越残酷，“僧”越来越多，而“粥”越来越少。而这些都是社会发展的必然规律，社会内在的规律已经决定了只有一小部分人将会手握重权、掌握大部分财富。这一小部分人将会是谁呢？如果用一句话概括，这些人就是具有“狼道”精神的人。或许你现在的生活情况并不乐观，你的能力一般、家庭背景一般，也没有值得称道的人脉关系，是别人眼中可有可无的小人物。这些都没什么，也并不值得悲哀。你所需要做的就是学习和改变，你需要学习狼的生存法则。

在狼的身上，我们可以学到一个个体在社会中生存、生活和发展所需的各种素养，如战斗精神、坚忍、耐性、智谋等。当代的年轻人，其实生存状况都相差不大，但是短短的几年后，必将有一批人会崛起，成为新一代的领军人物，这才是真正的分水岭。能否成为几年后的领军人物，就看你能不能掌握这些智慧，并将这些智慧化为己用，用以指导自己的人生。

希望本书能带给渴望建功立业、有所作为的年轻人以有益的启发和思考。

编著者

2019 年 5 月

目　录

第 1 章

狼存野心：想成大事，靠的是万丈雄心

如果你对“两亩地，一头牛，老婆孩子热炕头”的生活很知足，那么你多半是一个既知足常乐又羡慕别人日进斗金的穷人。既然如此，何不就让你的“狼子野心”复苏？千万不要让“穷人思维”成为你人生路上的绊脚石！

“狼性”，成功者的标签

成功的过程就是一头狼寻觅食物的过程，而成功的原因就是“狼性”多于“人性”。要生存，要成功，就需要有狼一样敏锐的目光和坚韧的性格。《孙子兵法》云：“十则围之，倍则能敌之。”长平之战，秦将白起的“等而围之”是千古绝唱。但相对而言，狼能以区区数十之众围猎黄羊三千，更可谓是“技高一筹”。如果我们要用一种动物来表达成功人性的特征的话，那么狼是最合适的。所以，只要我们投身于市场经济的“食物链”之中，就应该摆脱被捕食的“羊性”，努力使自己成为“狼”。

有人会说，难道像狼一样的凶残暴戾就能成功吗？当然不是，想象电影中的古惑仔一样，靠打打杀杀，打出一片天下，绝对是痴心妄想。嬴政统一了天下，焚书坑儒，也照样是“富不过二代”。我们要学的，是狼一样敏锐的目光和坚韧的性格，是狼在广阔的原野上赖以生存的“狼性”。长达八年的楚汉之争，刘邦成了大汉朝的开国皇帝，而项羽最后的壮举也只能是“霸王自刎乌江岸”。不是因为项羽不及刘邦骁勇善战，也不是项羽较刘邦略输文采，只是项羽比刘邦少了一点“狼性”罢了。而如今，向往成功的人们又何尝不是如此呢？众所周知，成功的道路往往是条漫长的道路，在沿途中会有这样那样的坎坷。只是有的走山路，有的走水路。但走山路的难免翻山越岭，荆棘满地；走水路的也难免遇到狂风巨浪，逆水行舟。创业的道路不同，当然所遇见的问题也会不同。更要命的是，在短时间内很难找到原因。治病讲究对症下药，找不到病因当然也就没有治病的药方。所以，在通往成功的道路上遇见的很多都是“疑难杂症”。但无论是走山路，还是走水路，“行路难”的人一般都有一个共同的“症状”，那就是：抗挫折能力差，在逆境中容易泄气，迷失方向；而在一帆风顺时，又容易扬扬得意，忽视潜在的危机。这样的“疑难杂症”当然也不是“不治之症”，而“狼性”就是治疗这些病症的最佳药方。某成功企业家就曾生动而形象地说，创业的过程就像一头狼寻觅食物的过程，而成功的原因就是“狼性”多于“人性”。要生存、要成功，就需要有狼一样敏锐的目光和坚韧的性格。

作为“80后”的海子，当很多同龄人还在迷茫的时候，他就已经成为国内知名的企业家。而在几年前，他给人的印象却不是现在这样的风光。大学时期，他在别人的眼里显得有点不务正业。因为家境贫寒，他大部分的业余时间都在外打工。他的第一份工作是在当地一家颇有规模的布艺店找的。“不要工资，只要200元交通费，外加三顿饭就成。”当时，弱不禁风的小伙子的这一句话，让老板决定留下他。在往后的日子里，无论是刮风下雨还是烈日炎炎，海子都没有休息过，他几乎跑遍了所有新建的高楼或正在装修的大厦。这期间，他遇到过无数次的横眉冷对，甚至拳脚相加。然而，这么没面子的事，海子却坦然接受了。当然，这样的拼命，换来的是不凡的业绩，以及老板直接派给他的一些散活。第一次接的单子，海子就挣了近3000元。在当时，这相当于他一年的学费。但他没有满足，他的目标不止于此。这是因为，“狼”的目标不仅仅是一只“羊”，要像一头狼一样，只要认准了目标，就能够追上几十公里，跋山涉水，向那个目标冲刺。海子也有自己的野心，他开始冲刺。第二年，东拼西凑再加上自己存下的2万元资金，在装饰城开起了属于自己的窗帘店……3年后，由窗帘店扩张为50多平方米的布艺店，而且在业内口碑极佳，已能接下市内中心大酒店的所有室内布艺装饰。

海子的成功，是因为命运的不同吗？其实，这在很大程度上是取决于狼性和人性的不同。狼道是一种生存策略，同时也是一种处世哲学。尤其是在竞争的时代，需要强悍进取、不屈不挠的“狼性”精神。成吉思汗能够以凶狠的狼性驰骋欧亚大陆，那不是上天的眷顾。上天对待所有的生命都是平等的！羊或许无法改变性格的缺陷，但是人却可以改变自己的命运。在命运的面前，人有选择的权利。与其像羊一样怨天尤人，倒不如像狼一样坚韧。在弱肉强食的时代，让自己多一点狼性，或许离成功也就不远了。

野心无限，才能财富无限

野心，是一种对财富的欲望，是追求财富的动力。尤其是在现代的职场，要想财富无限，就要做一匹野心十足的狼。在现实社会中，其实我们也能发现，那些腰缠万贯的阔先生们，无不是野心勃勃！

在大家的印象里，狼是天生的野心家的代名词。野心，在我们传统的文化里也是贬义的、贪婪的。但同时，也不可否认的是：有野心者，往往也是财富的聚集者。野心，是一种对财富的欲望，是追求财富的动力。培根曾说过："野心如同人体中的胆汁，是一种促人奋发行为的体液。"尤其是在现代职场，要想财富无限，就要做一匹野心十足的"狼"。拿破仑说："不想当将军的士兵，不是好士兵。"曾有这样一个故事，震撼了世人的心灵：法国一个名不见经传的穷小子，辗转 10 年间，跻身于法国 50 大富翁之列。去世后，在他的遗嘱里，竟用 100 万法郎作为"穷人最缺少什么"的解谜奖金。而在 48561 个答案当中，猜中谜底的竟然是位小姑娘。她的答案公布以后，让全球为之震惊。原来，"穷人最缺少的，就是成为富人的野心"！如果你安于现状，对"两亩地，一头牛，老婆孩子热炕头"的生活很知足，那么恭喜你，知足者也会常乐的。但如果你认为"贫贱夫妻百事哀"的话，而且你目前还不够富有，或者还是个穷人，只能眼睁睁地看着别人日进斗金，那么，就让你沉睡的"野心"苏醒过来吧！这是因为，身为穷人的你，目前的思维还是一个"穷人的思维"。

德国曾有一个非常吸引眼球的电视节目，叫作《谁是未来的百万富翁》。为什么要叫“百万富翁”呢？这就是这档节目的特色，因为只要选手答对了提问的题目，就会得到相应的奖金。如果答对所有题目的话，累计奖金可达百万元之多。其规则就是，如果选手放弃了下次答题的机会，就拿着所得的奖金走人；但要是想冲刺百万奖金，继续答题的话，只要错了一次，就得退出比赛，之前所得到的奖金也全都得泡汤。正是由于这样的原因，很多人在得到一定的奖金之后，都是见好就收，拿着“天上掉下的馅饼”欢欢喜喜地放弃了答题，谁不怕“煮熟的鸭子”飞了啊？所以，真正的“百万富翁”也一直都没产生。这种现象持续了很久，直到一个名叫克拉马的小伙子的出现，才打破了这一僵局。一时间，“百万富翁”的神话传遍大街小巷。人人都想知道，这个名叫克拉马的小伙子到底是何方神圣？其间，种种传说随风而起。而当克拉马真正曝光在大家面前时，给大家带来的却是意外的震撼。因为成就他“百万富翁”神话的，并不是因为他天纵奇才、智慧过人，过人的只是他的野心。

其实，参赛的选手中不乏高手，而最终却只能与“百万富翁”擦肩而过，原因就是“见好就收”的穷人思维在作怪，让他们失去了成为“百万富翁”的野心。因为“血淋淋”的事实就是，在50万元奖金之后的每道题目都很简单，只要略加思考就能答得出来。那些害怕“煮熟的鸭子飞了”的人，这时才明白：从他们手里飞了的才是“鸭子”，他们得到的不过是“麻雀”。穷人看眼前，富人思来年。用穷人思维很难发财，因为这种思维是单纯的、平静的，就像一池清水一样，掀不起任何波澜。他缺少的，是一种迎风破浪和力挽狂澜的力量，而这种力量就叫作“野心”，像狼一样的“野心”。这种野心象征的是一种精神，一种争取和不满足的精神。就好像当你只有一块面包的时候，你就要想着用这块面包去赚取一百块面包、一千块面包，甚至是一万块面包一样。因为只有这样，你才不会将一块面包掰成两块吃，才不会担心吃了上顿没下顿。

卡耐基常说：“我想赢，我一定能赢，结果我又赢了。”想攫取财富的人很多，但事实却是：多数人只能死守着少数的财富，而多数的财富都掌握在少数人的手里。李嘉诚和比尔·盖茨的致富也绝不是偶然，所谓“君子爱财，取之有道”。在现代的职场上，这种“道”就是野心，你对财富的欲望越大，你才能走得越远。野心，是一种“道”，也是一种精神。有了这种“道”，可以防止你在职场中浑浑噩噩、死气沉沉；有了这种“精神”，你才可能创造和革新。它绝不是一种缺点，尤其在职场中，甚至可以说是优点。拥有它以后，别人能做到的，你也可能做到。

野心不足，难成大事

就算你拥有世界上最锋利的牙齿，但要是没有狼一样的“野心”，终有一天曾经锋利的牙齿会被磨平。那么，做不成狼，你就只能是被“狼”吃掉的“羊”。母爱之大，比天高、比海深。但是，母狼在狼崽还很小的时候就会离开它。俗话说得好，虎毒不食子。难道狼的心就真的比铁还硬、比冰还冷？其实，“家家都有本难念的经”，又有谁能理解母狼的良苦用心呢？让小狼独处困境，只是为了激发小狼生存的欲望，培养小狼成为捕食者的野心。因为母狼清清楚楚地知道，小狼要是没有一颗捕食者的野心，终有一天，曾经锋利的牙齿就会被磨平。做不成狼，就只能做一只平庸的羊。“兽尤如此，人何以堪？”母狼用血的事实告诉我们——没有野心，就会平庸下去。而平庸是一种心甘情愿般的死寂状态，在这种状态下总会让人碌碌无为，甚至功败垂成。

在职场上，如果你是一个不想当老板的员工，那么无论你怎样努力，都注定只能“苟活”于别人脚下，终究难成大事。因为并非都是“大树底下好乘凉”的。首先，大树会越长越高。你待在大树底下，终有一天热辣的阳光会刺得你睁不开眼。其次，如果大树倒了，那你还有乘凉的地方吗？最后，就算是大树营养不良，长不高，也不会倒，那你也只是活在大树的阴影下。我们头顶着天、脚踩着地，一生出来，上天就要我们顶天立地。你却甘心平庸，难道上天还会“眷顾”你吗？热播的电视剧《奋斗》相信大家都看过，我们撇开男一号不说，来看看另两位主角华子和向南。同时毕业后，向南一边依仗老父的关系轻松地进了外企，一边娶了漂亮的媳妇杨晓云，享受并满足着眼前的小资生活。而华子却从倒二手车开始，这边开蛋糕店，那边经营理发厅，就没停歇过。最终的结局是，华子成功了，有车、有房、有事业，用他自己的话说，就是：“哥们儿现在也有钱了。”而向南那边呢？开始是白领，到结束时也没有成为金领。用他自己的话说，就是：“哥们儿前年挣得多，一月能挣 1 万，去年还剩 8000，现在只有 6000 了！”华子的成功是因为有野心，不满足现状，不然他就不会向陆涛借 1000 万元，不然就不会跑到泰国去摆地摊儿。向南则是停滞不前、不思进取，不然他就不会整天左边想着瑶瑶，右边想着“小灵仙儿”。可见，没有野心就会安于现状、不思进取，就会让自己在不知不觉中变得平庸。那么，你想成为华子还是成为向南？下面，我们不妨再看一个现实中的例子。

小严进工厂后，由于工作踏踏实实、一丝不苟，五年后顺利坐上了车间主任的宝座。这让周围的人羡慕不已，小严为此也常沾沾自喜。带着这份喜悦，本以为会是某日同学聚会上“焦点”的小严，却感到了一丝的失落。因为在他这个车间主任之上，冒出了一个工厂的老板。一席酒菜之后，“老板”对小严说：“哥们儿，以你的经验和资历也完全可以‘自立门户’嘛！”“老板”说话时，可能带着点酒意，但也确实是实话。那时是“下海”创业的高峰期，有野心的人很多都当了老板。小严当时心里也有点儿不甘心。回家后，他就把这事和妻子说了。他妻子吃惊地说：“这样的‘野心可千万不能有，我们现在这样不是挺好的吗？弄不好的话，鸡飞蛋打，我们这些年的成果可就都没有了啊!”小严想想也是，于是又开始满足于他的车间主任，打消了“下海”的念头。时间转瞬即逝，又过了五年，小严早变成了老严，还是当他的车间主任。但是，好花不常开，不久就迎来了厂里的人事大变动，老板要给厂里换“新鲜血液”，而且就换到了老严的头上。结果，把老严又变成了小严。当然，小严愤愤不平：“我为厂里鞠躬尽瘁，竟然还要降我?”但这时，又有谁会理他呢?试想一下，如果当初的小严要是有“老板野心”的话，就算他当不了“严老板”，至少五年后在厂里也得当个“严经理”，而不是从“老严”又被打成了“小严”。小严最终还是小严，就是因为小严满足现状，甘于平庸，缺少当“严经理”或“严老板”的野心。

在你开始怨天尤人的时候，在你羡慕你老板头上光环的时候，你有没有想过，曾经的他也是从员工的身份走过来的呢?而你在公司里勤勤恳恳地耕耘，却为什么还是个默默无闻的小员工呢?的确，这个世界并不需要我们每个人都做老板，但并不代表我们就该安于现状。就算是作为一名员工，也要有野心做打工者中的“皇帝”。因为没有野心，就难成大事，就会甘于平庸!你要明白，这不是上天决定的，而是你自己选择的!本来是没有路的，只是走的人多了才成了路。现在，路就在你的面前，就看你自己怎么走了。

紧盯成群的羊，这是狼的一贯作风

只有像狼一样，用长远的目光来看待“猎物”，自己才不会“断粮”；只有用长远的眼光来看待自己的事业，才不会因眼前的利益而放弃了长远的利益。在一般情况下，狼在捕食时，一击得手之后，往往都是网开一面，并不赶尽杀绝。这样一来，既保证了“战争”的绝对胜利，又保证了以后不会“断粮”，可谓是高瞻远瞩，是一种“可持续发展战略”。而今人与之相比，往往却有所不及。因为我们普通人经常只看到眼前的利益，而看不见长远的利益，往往因小失大。《孙子兵法》有云：“将者，智、信、仁、勇、严也。”就是说，要做好一名运筹帷幄的将军，要掌握的首要因素就是“智”。这种“智”，就是高瞻远瞩，把握全局的利益。诸葛亮的“隆中对”一对定千秋，奠定了后蜀江山数十年的基业；而南宋朝廷鼠目寸光，依靠岳飞“竭力勤王”，才得以偏安一隅。其实，职场如战场。只不过在这样的战争中，我们看不见硝烟而已。个人的生存和发展与军事中的兵法谋略都是一样的，都要有远大的理想，考虑长远的利益。这是因为，只有那些目光长远的人才能让自己得到更多的利益。

从前，有两个饿得要死的人，遇到了一位仁慈的渔翁。渔翁为了救他们一命，于是将自己的一条鱼和一根鱼竿给了他们。其中一人眼疾手快拿了鱼就走，而另一人只有无奈地接过鱼竿去寻找大海。结果，拿了鱼的人建起了火堆，开始烤鱼，转眼间就将渔翁给他的鱼吃完了。但是，鱼吃完了，也就没有了，不久之后，还是饿死了。而只有鱼竿的人，也早已因饥饿过度，连眼睛都睁不开了，在还没有找到大海的时候，就撒手人寰了。同样，又有两个得 到渔翁恩赐的人，但他们却没有分道扬镳，而是一起享用了渔翁的那条鱼，然后共同去寻找大海。当他们到达海边之后，两人便开始了捕鱼的生活。最终，他们有了自己的房子，也有了各自的家庭，过上了幸福安康的生活。

这个故事就是告诉我们，一个人只顾着眼前的利益，得到的利益将是短暂的、渺小的，甚至损人不利己。只有目光长远者，得到的利益才是长久的、巨大的。美国微软的 MS – DOS 操作系统曾在计算机领域堪称霸主，也是因为比尔·盖茨不计较眼前的小利而得到市场的。在当时，IBM 的个人计算机除了可以选择 MS – DOS 操作系统外，同时还可以选择其他三个操作系统，即 PC – DOS、CP/M – 86、UCSD Pascal P – System。为了使 MS – DOS 能够占领市场，比尔·盖茨做出了具有长远打算的战略性部署：在 MS – DOS 的质量不逊色于同类产品的情况下，以低价格来换取市场占有率。最终，在明摆着“吃亏”的条件下，他和 IBM 公司签下了让当时所有人都认为“傻得不得了”的协议。因为当时各种软件在市场上的价格都上百美元，甚至几百美元，而微软的 MS – DOS 却只需要 60 美元。不久之后，随着计算机的普及，原先的各种操作软件逐渐淡出了市场，而微软正因为不计较眼前的小利，用长远的眼光来看待市场，最终“一亏得天下”，确立了微软 MS – DOS 操作系统在计算机领域的霸主地位。由此可见，只有目光长远才能成为最后的赢家。有时候，先期的投入、亏损是必要的。只有将目光放长远，才能谋势而动，在复杂多变的市场环境中求得生机。对职场人士而言，眼前的利益和长远的利益往往是不一致的。那么，在这种情况下，我们就不能只顾着眼前而舍弃长远，应该“登高而望”，用发展的眼光来“放长线钓大鱼”。正所谓：“欲穷千里目，更上一层楼。”在进入职场 后的不同阶段，我们都要用发展的眼光来给自己确定长远的目标，把握每一个学习、发展的机会。因为只有站得更高，才能看得更远；看得更远，才可以使我们走得更远。这个简单的道理，足以给我们启示。

狼不妄想，但对每件事都极度热情

狼在捕捉猎物的时候，总是会一击即中，就是因为，狼始终保持着对猎物的热情。培养你对工作的热情，就等于给你的事业加入了趣味和火花，让你的事业像干柴烈火一样越烧越旺。

在苍茫的大地上，狼如闪电一般，穿越丛林，跨过壕沟，不管是几里还是几十里，对眼中的猎物始终“不离不弃”，最终满载而归，只因狼对自己的美食始终怀有饱满的热情。热情是一种来自内心的炙热情感，在英文中，它是由两个希腊字根组成的，所代表的就是“内在的神”。当它散发到身体的各个角落，就会激发我们体内“神”的能量。它可以起死回生，让乏味变得有趣；它也可以扭转乾坤，可以让后退变成前进。如果人是一个气球的话，那么热情就是气球里的气，没有它就会往下掉，有了它就会向上飞。我国古代打仗时讲究一鼓作气，而这一鼓就激起了士兵杀敌和渴望胜利的热情。在古希腊神话中，有一位叫作皮格马利翁的国王，非常喜欢雕刻。有一次，他在雕刻一位美丽少女的塑像时，废寝忘食，倾注了全部的热情和期望。结果，这位美丽的“少女”竟然活了过来。这当然只是个故事，但同时也让我们明白：只有我们对自己的事业给予极大的热情，才可以让我们的理想得以实现。

大学毕业生罗福欢在离开大学校门后，来到了成都街头以摆摊擦鞋为业。别人都笑他傻，一个大学生干这个没出息……然而，罗福欢对自己的事业充满热情，把什么面子、贵贱等都抛在了脑后。在擦鞋事业开始时，他在擦鞋摊上摆上了不同品牌的鞋油、工具，各方面的硬件都准备得特漂亮。他自己坐的是两块砖头加上几张报纸“合成”的凳子，而顾客坐的却是价值高档的“老板椅”，就连给“老板们”换穿的拖鞋也不是市场上几元一双的普通拖鞋，而是 60 元一双的“贵宾拖鞋”。罗福欢的意思是，顾客就是上帝，来到我这里，我当然尽量让他们享受“上帝”般的待遇。曾有一对准备赴宴的夫妻，经过他的“老板椅”时，就想把皮鞋擦一下，但看过价格表以后，又觉得太贵。正在他们踌躇的时候，罗福欢热情地请他们先坐下，微笑着说：“我先帮您把鞋擦好，价格先不谈，到时您看着办，觉得我这活儿能值多少钱您就给多少，绝不勉强。”半小时后，一双擦得锃亮的皮鞋展现在那对夫妻面前，那种“光彩”简直可以“照人”。他们终于被小伙子的热情所感动了，二话没说就按价格表付了钱，夫妻两人还一个劲儿地说物有所值。不久，罗福欢便靠着他的技术和热情，在业内站稳了脚跟，小本生意也是越做越红火。当然，他也曾碰过壁，也曾为自己的事业四处奔波，几乎无果而终。但是，他却从没有失去自己对这份事业的热情，几度风雨几度秋，风里来雨里去，始终是“痴心不改，矢志不渝”。终于在八年后，带着这份热情，他成功地完成了一名大学生的街头创业传奇，拥有了全国 80 多家罗记擦鞋加盟店，业务范围从单一的鞋的清洗和护理延伸到皮革、皮具的清洗和护理。他用 72 把鞋刷做成“擦鞋”两个字，意思就是：只要对自己的事业充满热情，就能在七十二行中做出行内的“状元”！

罗福欢之所以成功，就是因为他对自己的事业始终保持着高度的热情。在他的眼里，每双鞋都是一件艺术品，就像国王皮格马利翁对待自己的雕刻工作一样，都充满了全部的期待。他的热情不仅使自己找到了动力，而且也感染了别人。那么，雕像都能复活，事业还做不好吗？《论语》中说：“知之者不如好之者，好之者不如乐之者。”就是说，懂得它的人不如爱好它的人，爱好它的人又不如对它充满热情而以之为乐的人。热情是工作的动力，没有它，就算你有过人的能力，也不能得到充分的发挥。毕竟，天上不会掉下馅饼，世界上也没有免费的午餐。难道你整日无精打采地上班，磨磨蹭蹭度日，还要妄想着你在公司的位置无可替代？“灰姑娘”要是在职场生存的话，那简直就是奇迹，因为物竞天择也是职场的自然规律。摒弃你的幻想，你需要为自己的事业加一点热情火花，让你枯燥的工作变得有趣，让你的微笑融化顾客的冷漠，让你的付出得到老板的重视，还要让它像发动机一样推动着你冲向成功的彼岸。那么，还等什么？从现在开始，就让你的热情像“干柴烈火”一样燃烧起来吧！

狼不妄做，只制订最可行的计划

对待自己的工作，就应该像狼在发动攻击前，将猎物锁定在自己的视野之内一样，先制订一个完善的计划。那么，你的工作就会有条不紊地进行，而且还会做得更好。狼在捕食时，往往不是一看见猎物就盲目地扑过去，而是先站在高处观察羊群的分布和动向，再制订一个完美的“捕食计划”，让它的猎物逃不出它的视野，最终一举得胜。有计划的行动，是狼在捕猎时的一大特色。而我们很多人就是因为缺少了狼这种层次的计划，往往从早上忙到晚上，都不知道自己在做什么，同时还觉得时间不够用，很多事情乱糟糟地堆在一起，等到紧急关头，便草草了之，敷衍交差。其实，我们在“埋头苦干”之前，只要先仔细思考，制订一个完整的计划，那么在同样的时间里，就可以让我们的工作进行得有条不紊，而且还会做得更好。这种有计划地安排工作的方法，数学上叫作“统筹方法”。古时的田忌赛马，就是这种统筹方法的最好应用。孙膑说过：“取君下驷于彼上驷，取君上驷于彼中驷，取君中驷于彼下驷。”同样是三匹马，只是合理地安排了一下，就赛出了不一样的成绩。而职场如赛场，同样的道理，只有计划性地安排自己的工作，才会让你的事业在有条不紊中蒸蒸日上。

某公司的营销经理就要退休了。在接班的人选中，公司的领导相中了同样吃苦耐劳、工作踏实的小张和小葛。但经理的职位只有一个，经过一番讨论之后，领导决定把刚运来的40车水果分别分给两人20车，谁能先将20车水果销售完，就让谁来做经理。于是，就要离职的老经理把二人叫过来，把领导的意思向他们说了一下。听了老经理的话，二人都是热血沸腾，尤其是小葛。在离开经理办公室之后，小葛就像是着了魔似的，马上把公司大客户的资料都翻出来，白天往这个公司跑，晚上给那个公司打电话。每天都起早贪黑的，累得不成个人样。而小张这边呢，虽然大客户全在小葛的手上，但他也并不着急。经过一番思考之后，他先将水果按不同的种类装在一起，看上去就像是“水果花篮”一样，然后再将这些“水果花篮”分别投放到各大超市、菜市场，甚至是医院和小区附近的小地摊。结果，当小葛忙得不亦乐乎的时候，却看到小张满脸笑容地从“经理办公室”里走出来，衣襟上还别着“经理”的胸章。当时，小葛就傻了。

为什么起早贪黑的小葛没有成功，而看似轻闲得小张却当上了经理？这是因为，20车的水果，单靠一部分大客户很难“消化”，小葛再忙也是瞎忙。而小张通过仔细的思考，制订了完善的计划，将水果变成了既好看大方又营养丰富的“水果花篮”，再将它们投放到整个城市。这样一来，20车水果很快就被全市的人民“消化”掉了。所以说，瞎忙再忙也是白忙，只有有计划地安排我们的工作，才能让我们做得更加出色。因此，当我们忙得腰都直不起来的时候，应该想想，我们是不是在瞎忙，是不是缺少一个指导我们该去怎么做的计划。

20 世纪 40 年代初，第二次世界大战正热火朝天地进行着。美军为了防止一种发病率极低但危害极大的疾病被带入军营，远征的士兵都要经过验血才行。但看着长长的队伍，一个个验血，可真急坏了军医道夫曼。他脑子里总是不停地想着化验的每个步骤：抽血，投入试剂，观察反应……突然，他的脑子里闪过一个念头：为什么不把 100 个人的血放在一起化验呢？如果这 100 个人的血液里都不含病毒，那一下子就全都通过了；如果这 100 人当中有一人含有该病毒的话，只要将他们再分成 10 组集体化验，就能知道哪一组中的士兵含有这种病毒。然后，再将他们逐个化验，不就能节省很多时间了吗？他的这个想法经过实际运用之后，果然大大地缩短了验血的时间。

其实，无论什么工作，基本上都可以分为“脑力劳动”和“体力劳动”，只懂一味地埋头苦干，往往收到的成效是微乎其微的。但要是在“脑力劳动”的支配下，进行有计划的“体力劳动”，收到的效果绝对会比单纯蛮干要强得多。所以，不管你是职场新人，还是职场老手，千万不能像无头的苍蝇，累死累活却是在做“无用功”。尤其是职场的新人，总是认为自己足够努力，喜欢从客观上找原因，往往忽视了自身的问题，这一点是最不可取的。对待你的事业，就得像对待一场战争一样，在你准备努力“拼杀”之前，就得为自己量身定做一套完善的“作战计划”，然后按照你的计划行事，这样才会让你的工作杂而不乱，稳中求进！

用最简单的途径抵达羊群

将复杂的工作简单化，就像狼直接冲向自己的猎物一样，才能让你在工作中如鱼得水，让你的效率提升百倍。这是因为，只有最高的效率，才能满足市场高速发展的迫切需求。狼一般在决定向猎物发动攻击之后，就会像离弦之箭一样，用最简单、最直接的方式，向眼中的“美食”直冲过去，绝不走弯路，毫不花哨。而一般人在做事情的时候，却总是容易把简单的事情变得复杂。比如，明明是可以手到擒来的事情，偏偏又考虑这个又顾忌那个；简单明了的几句话就能表达清楚的一份报告，却非要弄得像懒婆娘的裹脚布一样——又臭又长，好像不弄得复杂一点就不深刻，不弄得复杂一点就显示不出自己的精明强干！其实，就算你的老板不是日理万机，也绝对没有时间来欣赏你十几页的“才华”。《老子》里面有句话，叫作“为学日益，为道日损”。就是说，在学习的过程中，每天都要有所增益；而在求道的过程中，每天却要有所减少。很多人可能不太理解老子这句话的意思，其实他想告诉大家一个很简单的道理，那就是“大道至简”。这是因为，越是简单的才是越有效率的，谁都不想把时间浪费在“走弯路”上。你要是能把复杂的东西简单化，那你就能用最高的效率做出最好的事业。反之，就算你忙得两眼“开花”，终究也不会结出什么好果子来。

有一段时间，部分人要求恢复使用繁体字，说繁体字是如何如何好。但不可否认的是，繁体字太复杂了，写和认都不方便。就拿当年在简化字体之前来说吧，当时的大半个中国的人都是文盲。而在简化字体以后呢？至少从那时以后，相当大的一部分人可以读书了，能够看懂报了，写封信也不要跑到大街上去找代笔先生了。不管在这场“风波”的争论中谁对谁错，但不争的事实就是：简体字简单实用。毕竟繁体字是不实用的东西，当然也就无法被人们所接受。

其实，对我们的工作而言，都是有两种“写法”的：一种就是“简体字”，而另一种则是“繁体字”。那么，每天忙得不可开交的你有没有想过，你是否舍弃了“简体字”而写“繁体字”呢？再来看看下面这个故事：

一位老教授曾交给他的高才生助手一个任务，就是去测量一个既不是方形也不是圆形，而是一个貌似灯泡一样的容器的容积。这位勤奋的助手接过任务以后，迫不及待地开始了自己的工作。这是因为，能在老教授身边工作，绝对是一件荣幸的事情。所以，他决定要将自己全部的才华展示出来。于是，他几乎用上了身边所有可以用的工具来进行测量，然后再运用他在学校里学到的全部知识进行计算。时间不是一分一秒地过去，而是一个小时又一个小时地过去。只见那位助手满头大汗，不停地测量、运算……这时，老教授进来了，他什么工具也没拿，只是拿起了那个容器，然后再往里面装满了水，然后对他的助手说：“我要是你的话，就直接把这容器里的水倒进量杯里，量出这容器里的水的体积就可以了。”高才生恍然大悟，一个劲儿地拍脑袋。原来，简单就是效率。

这个小小的故事看似简单，但是却能给我们深刻的启发。同样一件事，为什么不同的两个人来做，结果却是截然不同的呢？原因就是，有些人能把复杂的东西简单化，而有些人却拘泥于形式，把简单的事情复杂化。当我们的工作显得冗长复杂时，有些人也许是太盲目，在钻牛角尖，没有把自己的思维从繁杂的事情中解放出来；而有些人却是在耍小聪明，是想表现自己，而这么一“表现”，便会拖延时间，降低工作效率。现代职场，效率永远是第一要素。而要想拥有高效率，唯一的方法就是用最简单的方式解决最复杂的事情。因为只有用简单的方式，才能满足市场高速发展的迫切需求。所以，在开始做一件事情的时候，我们就应该想想：这样做，是不是把简单的事情变得复杂了？这件事情可不可以用一种更简单的办法来解决？越是复杂的问题，就越要让它变得简单明了。这样，就可以提高我们的工作效率，让我们得到更多的关注和赏识，让我们的事业发展到一个更高的境界。

第 2 章

狼智无双：强者善用策略，以智取胜

有人说 21 世纪什么都缺，但就是不缺人才。在人才济济的“人堆”中，你的才华可能不算最出众，你的家庭背景可能不如别人优越，可能你起步比别人都晚。遇到这种情况，你首先不能急，更不能硬碰硬地与之顶起牛来，那是愚者的行为。真正聪明的人要以智取胜，要讲天时、谋地利，巧借外力！这便是以小搏大、以一敌百的秘密。

声东击西，迂回策略

身在职场，切不能暴露你的真实目的，而是要像狼在迷惑屠户时那样，声东击西，给别人造成假象，干扰对方的判断，然后乘虚而入，实现你的目的。声东击西，也是狼经常运用的战术。就好像《狼说》中的两匹狼一样，当遇到手持屠刀的屠夫时，便“一狼径去，一犬坐于前，久之，目似瞑，意暇甚”。坐在地上的狼，是在假装睡觉来迷惑屠户。而另一匹“径去”的狼，却绕到屠夫身后的草堆里，想从后面进攻。狼所采取的，就是一种声东击西的迂回战术。古语有云：“凡战，所谓声者，张虚声也。声东击西，声彼而击此，使敌人不知其所备。则我所攻者，乃敌人所不守也。”就是说，要制造假象，让别人不知道你的真实目的，干扰对方的判断，然后乘虚而入，就能打胜仗。这就好比买东西时的讨价还价，售货员说 100 元，你说 80 元；售货员说不能再降，你转身就走，售货员一般会把你叫回来 80 元卖给你。因为你的转身就走，就是告诉他你不想要了，而售货员不知道你其实是“想买的”，那么就是少赚一点他还是会做这笔生意的。但如果你要是“苦苦”地向售货员哀求，说你就想要这个东西，那么售货员在心里就会“吃定你”，打死也不会降价将东西卖给你的。身在职场，这一招也同样适用。就是说，在工作中，有时也不能直接“暴露”你的目的。否则，就会显得你急功近利，你的“价格”就砍不下来，你也就得不到你想要的东西。那么，不妨试试声东击西的方法，说不定会给你带来意外的收获。

小张是一家软件销售公司的员工，平时工作踏实，积极努力，总是抢着干活，同事们也常夸他努力。小张总是笑着回答："像我这样没有背景的新人，不努力的话，怎么会得到老板的重用啊？"这话说得是有理，但往往却总是真心讲"错话"。因为不久，公司里便有了这样的谣言，说的是小张爱出风头，好大喜功，总喜欢在别人面前炫耀自己是多么多么有能耐。小张为此而痛苦不已，但偏偏祸不单行。最近，公司派他去竞争的一个大单子又跟丢了。尽管他"花言巧语"，把自己的产品说得天花乱坠，但客户还是"无情"地拒绝了他。在这种双重的压力之下，小张无奈地选择了"退隐江湖"。小张在"下岗"之后，也曾反思，自己到底是哪里做错了，但始终百思不得其解。后来，在一位"高人"的指点下，他终于认识到了自己的不足。再就业以后，小张在新公司里仍然是踏实努力。但当别人夸他的时候，他却婉转地说："混口饭吃不容易，拿公司的钱，当然就得为公司出力。不然，弄不好的话，又得下岗呢。"结果，老板和同事们都说，小张这年轻人工作踏实，没有野心。好不容易在新公司迎来了一张大单子，但这次小张却没有像以前那样，把自己的产品吹得"水都能点着灯"，而更多谈及的是怎样将软件应用到对方公司的管理中去，以及怎样处理在管理方面出现的漏洞问题。当小张的话讲完后，客户便热情地把小张拉到一旁去说话。结果，一份大单子就这样签到手了。新老板也夸小张能干，不久便提拔他为销售经理。

为什么小张以前会遭遇“滑铁卢”，而日后却会一帆风顺呢？主要是小张以前的目的暴露得太明显了。因为人人都想得到老板的重用，有你这样的“对手”在，别人当然会不舒服，说你几句不好听的话是在所难免的。而人人都这么说，你与同事就不好相处了。传到老板的耳朵里，老板就会觉得你急功近利、好高骛远，你的日子就难熬了。同样，在推销自己产品的时候，客户又怎能马上相信陌生的你呢？尤其是在你吹嘘自己产品的时候，客户会觉得你只是想推销产品，是在忽悠他，当然就不会买你的产品。但要是能声东击西，给别人造成假象，掩盖你的真实目的，别人就不会觉得你会对他的发展构成威胁，老板就会觉得你踏实努力，客户也会觉得你“实事求是”，于是对你的心理防线就会逐渐放松，那么成功的机会就会大很多。有些人表面上是在做“赔本的买卖”，但实际上却在赚钱，这主要就是因为他们赚的是你不知道的钱。这就像吃“免费”的火锅一样，素菜不要钱，但是荤菜和饮料要钱。表面上看，这是很实惠的。殊不知，很多菜的成本是很低的，他送给你的远远比不上你在他这里消费的钱多，他的“免费”赠送才真是物有所值的。同样，在职场中，往往也是越“不图名利”的人，往往越会得到老板的赏识和重用。只不过，他们的“赔本”和“不图名利”是一个假象，别人看不出来而已。所以，身在职场，千万不可以轻易地暴露你的目的，否则你将会面临重重的压力和打击。最好能采用“声东击西”的方式，给你的对手造成假象。那么，你将会减少很多不必要的麻烦和阻碍。

避实就虚，蚕食目标

职场生存，就要学会避其锋芒，绕道而行，就像狼在面对大型的猎物一样，专攻它们的弱处，这样才能攻其不备，逐步实现自己的目的。狼在捕食大型猎物的时候，总是专咬它们的脖子、臀部等地方，避免被它们的牙齿或腿所伤到。结果，就算是大型的猎物，最终还是死在狼的脚下。这是一种从侧面攻击的战略方法，在军事战略上讲，叫作“避实就虚”。《淮南子·要略》曰：“击危乘势以为资，清静以为常，避实就虚，若驱群羊，此所以言兵也。”这个“实”就是敌人强大的地方，而这个“虚”就是敌人薄弱的地方。“避实就虚”就是要避开敌人的主力，而从他们薄弱的地方下手，这样便能攻其不备、出奇制胜，一步一步地实现我们的目标。想当年，伟大领袖毛主席开展游击战，以农村包围城市，逐步实现解放全中国的远大目标，就是“避实就虚”的最好证明。在竞争日益激烈的市场环境中，无论我们的对手是泛滥的人才，还是洪流滚滚的市场，我们都要明白“心急吃不了热豆腐”的道理。当我们面对强大的对手时，我们就是要“避实就虚”，从侧面进攻，逐步向我们的目标靠近才是上策。否则，只能是以卵击石，后果不堪设想。

小明和小何都是能力较强的新人。在求职的过程中，小明选择去应聘一家公司的部门主管，而小何却选择应聘一个普通员工的职位。表面上看来，是小明有理想、有魄力，而小何好像是目光短浅，没有远大的志向。然而，由于高薪高职的岗位吸引力太大，引来了各路高手，经过一番浴血拼杀之后，小明最终还是败下阵来。而小何由于所选择的职位起点低，因而轻松地得到了自己想要的职位。在以后的日子里，小明继续他的“高薪高职”的职场求职生涯；而小何却由于工作踏实努力，做出了足以令人骄傲的业绩，最终得到上级领导的赏识，入职一年后，被提拔为部门主管。而此时的小明却仍然抱着当初的“远大理想”，生活在饥寒交迫中。

从上面的故事中，我们可以看到，同样是职场新人，命运却是天差地别。这是因为，两人所走的路线不一样。小明走的是“直线”，是“硬碰硬”，那么竞争自然更激烈。就算你能胜任，但谁敢保证不会是“一山还比一山高，强中自有强中手”？结果，就难免头破血流。而小何走的却是“曲线”，是“避实就虚”。他避开大的对手，而选择从竞争较小的“侧面”岗位入手，然后在平凡的岗位上展示出自己的才华，逐渐实现自己的理想目标。

小高是一家生产建材的新公司的销售经理，虽处在经理的位置上，但却也是伤透了脑筋。因为市场上的同类产品的竞争太过激烈，手下的员工也时常感叹：“这一行是越来越难做了。”如果自己的业绩再这么差下去的话，说不定哪一天老板就要另请高明了。为此，小高自己也深入市场，进行深度调查。这不看不知道，一看吓一跳。市场上所有的大商场几乎都被老品牌所占领，相比之下，酒店和居民楼却没有入得了这些“老字号”的眼。小高权衡利弊，避重就轻，认为这是一块可以开发的市场。于是，他在公司的大会上做出了“改变作战方针”的决定，认为应该将主要力量集中在这些酒店和居民楼，避免和“老品牌”正面冲突。这一决定得到了公司领导的大力支持。当新的作战方针确定以后，果然取得了明显的效果，几乎占领了所有的“二线市场”。不仅如此，而且对大商场等“一线市场”还逐渐有“以农村包围城市”的趋势。小高也因此加了薪，保了“官”。

由此可见，避开强势的竞争对手，而从对手忽视的地方下手，就可以开拓新的市场，将“头破血流”的面貌焕然一新，让我们远大的目标得以实现。这是因为，“避实就虚”不仅是一种战略，更是一种生存的哲学，它可以让我们从绝境中走出来，也可以让我们在人群中脱颖而出。曹操一把火烧了袁绍的军营便不战而胜，中国人民在抗战中凭着几十人的游击队就把几百名侵华日军打得不知所措，不正是这种智慧的体现吗？在我们的职场生涯里，我们所要面对的对手会一个比一个强大。那么，怎样在这样的环境下生存呢？避实就虚、绕道而行就是我们不得不学的智慧了。

十面埋伏，封堵策略

狭路相逢勇者胜。要实现你的目标，对你的对手要像狼一口咬断猎物的咽喉一样，不让对手有翻身的机会。否则，当他翻过身，就会反咬你一口，这一口就可能会要了你的命。狼在抓到猎物以后，总是会马上咬断猎物的咽喉，让猎物毫无翻身的机会。也许你会认为狼太过残忍，但是你可知道：如果狼要是不心狠手辣的话，它就得饿肚子。所以，在丛林里生存，狼的智慧就是对猎物痛下杀手，不让它有翻身的机会。职场是个功利性很强的地方，就像弱肉强食的自然界一样，往往是“树欲静而风不止”。你的妇人之仁或许会给你带来一定的人际关系，但是在竞争中也会是你的致命弱点。因为人人都想升官发财，当你凌驾在别人之上或对别人的发展构成威胁时，别人就觉得你挡了他的路。你对你的对手心慈手软，别人往往不会心存感激，反而会抓住机会对你痛下杀手。

虽说做人留一线，日后好相见，但在职场这个“大林子”里，什么“鸟”都有的环境下，要想生存和发展，我们就不能有妇人之仁。电影《投名状》或许大家都看过，剧中何奎和庞青云是事业上的竞争对手，但表面上也是合作的伙伴。他们的战略就是庞青云来攻城，何奎协助。当庞青云的大军在和对手浴血奋战的时候，他的“伙伴”何奎却按兵不动，眼睁睁地看着庞青云的士兵一个接着一个地倒下。这也许会让人感到费解，何奎为何如此呢？因为他们是事业上的竞争对手，要是庞青云不败的话，他就会是功臣，就会踩到何奎的头上。所以，何奎这一手借刀杀人，正是欲除庞青云而后快。当兵败如山倒的时候，庞青云要不是装死的话，说不定何奎还会冲上来给他一刀。当庞青云从死尸中爬起来以后，他意识到了竞争的残酷，所以后来才有了“杀降”的这一幕。用庞青云自己的话说，就是：“他们都是兵，今天不杀他们，明天他们就会拿起武器来杀了你!”这也许是残忍的，但也是实话。鸿门宴中，项羽因心存一念之仁，结果放虎归山，后来被刘邦设下十面埋伏，最终被逼得饮恨而终，就是最好的证明。可能有人会说，职场真的像战争一样残酷吗？如果你还不信的话，我们不妨再看看下面这个故事：

张明是某公司的总经理，年薪300万元，不仅有车有房，而且还有一个幸福美满的家庭。在别人对他耀眼的光环感到羡慕不已的时候，只有张明自己知道这一切来之不易。要不是已逝世的老董事长当年慧眼识英才的话，或许就没有他功成名就的今天。所以，张明对眼前拥有的一切也倍感珍惜，在工作上一如既往地为公司“抛头颅、洒热血”。可是近来，他的日子却并不好过。三年前，老董事长的儿子从海外学成归来后，就仗着“太子爷”的身份，积极地参与到公司的权力斗争之中，而且还一路过关斩将坐上了副总的位置。凭着敏锐的“嗅觉”，张明预感到：一场“宫廷政变”是在所难免了。但张明毕竟是久经沙场的老手，什么样的惊涛骇浪没见过？想将“太子爷”逐出“京城”，对他来说也并非难事。结果，私底下的较量，还是“太子爷”不敌。而且，要是将“太子爷”不顾公司利益的竞争手段上报董事会的话，说不定“太子爷”还会被赶出公司。只不过，他毕竟是恩人之子，年少气盛，故张明不想赶尽杀绝，那些事也就不了了之。“太子爷”也是明白人，张明的用意他也明白。于是，某晚设下豪宴以报张明的“不杀之恩”。在没有别人在场的酒桌上，“太子爷”做了认真的“检讨”。张明也认为是“孺子可教”，于是酒越喝越高。结果，在张明不知天南地北的时候，就在一张单子上签上了总经理的大名。一个月后，张明因为“违反”公司制度，签订了损害公司利益的合同，经过董事会一致表决，罢免了他的总经理职务。而新任的总经理，则是在关键时刻力挽狂澜的“太子爷”。

从这个案例中，我们可以看到，职场就是战场。为了生存，就不能对你的对手心软。在竞争的过程中，一定要竭尽全力，犹如老鹰扑兔，决不能给你的对手翻身的机会。这也实属不得已而为之。否则，斩草不除根，春风吹又生，让他回过气来的话，他就会在关键的时候捅你“一刀”，而且这一刀很可能就是要你命的一刀。

走为上计，保全策略

当不敌对手的时候，就要采取像狼打不过大型猎物时“走为上”的策略，保存自己的实力，韬光养晦，然后再谋时而动，绝地反击。“打不过就跑”是狼在碰上大型猎物时的常用招数，也是人们在关键时刻保命的招数。三十六计中，最后一计就是“走为上”。也许有人会认为这是懦弱、胆怯的表现。当然，只懂得一味地退让是不行的，就好像是当时的清朝政府一样，都被外国的侵略者打到家门口了，还是一忍再忍、一让再让，一个接着一个签着各种不平等的条约。像这样的忍让，当然是我们所不屑的，我们坚决不能学。我们所说的“走为上”，其实是一种韬光养晦的保全策略，是在不能与之相抗衡的情况下，暂避其锋芒，保存自己的实力，然后再谋时而动。否则，自己都给别人灭了，你还拿什么和别人斗？这就像《火影忍者》中的卡卡西一样，最初想和大蛇丸来个玉石俱焚，但实力相差太远，尽管抱定了必死的决心，但结果很明显，是卡卡西“碎了”，大蛇丸是“全的”。他当时所逞的也只是匹夫之勇罢了，就算“牺牲”了，也没什么价值。事后，卡卡西也清楚地认识到，自己的想法是多么的天真和愚蠢。所以，在打不过的时候就跑，只是你要明白你“跑”的目的，那么，终有一天，你失去的东西还是可以拿回来的。

小周是某公司总部的一个部门主管，虽然能力很强，为公司立下过汗马功劳，但是却常遭到公司总监的打压，没有晋升的机会。原来，这位总监是董事长创业时的亲信子弟，随老板征战多年，自然有点老资格。但自从小周来了以后，表现出很“劲”的风头，这让总监觉得有点功高震主。为此，他耿耿于怀，经常给小周穿小鞋，用他的话说：“杀杀他的锐气，不然他还不知道天高地厚呢。”一次两次也就算了，但久而久之，年轻气盛的小周自然也受不了这样的气。于是，一场不见硝烟的战争便在公司里无形地打响了。俗话说，强龙还不压地头蛇。在总监征战多年的地盘上，小周自然不是他的对手。几个回合下来，小周就明显不敌。小周虽然年轻，但不傻，知道再这样下去，自己迟早会被赶出公司。于是，在仔细斟酌之后，小张决定避免总监的打压，主动向公司请求调到分公司去。小周到了分公司以后，没有了阻碍，更加努力工作，开拓新的市场。两年下来，把分公司经营得风风火火，开辟了另一片新天地。而这两年来，公司总监依然打压下级，基本上没做出什么业绩。这一切，董事们都看在眼里。终于有一天，董事会决定要另立“明主”。这时候，小周才决定转战总部，杀了个“回马枪”，凭着在公司多年的资历及“鹤立鸡群”的业绩，终于成为新一代的“明君”。

从这个故事中，我们可以看到，在职场这个错综复杂的环境里，有往上爬的人，也有害怕被替代的人。总之，都是将利益看得很重的人，谁都不想让别人爬到自己的头上。小周是想往上爬，总监则为了保护自己的利益而对未来的对手进行打压。如果小周当时一味与总监对抗的话，那么只能是卷起铺盖走人。而他当初选择避其锋芒，保存实力，也的确是明智之举。俗话说："留得青山在，不怕没柴烧。"走为上计的保全策略，成就了古往今来许多大人物的大事业。例如，勾践甘愿为三年马前卒，卧薪尝胆一雪前耻……这一策略之所以屡试不爽，就是因为它是一种极具隐蔽性和实效性的智慧，是在对手不知情的情况下壮大了自己。这样敌明我暗，对手根本不知道我们的实力。就在对手扬扬得意的时候，一旦"打起来"，我们就会给对手出其不意的打击。如果在你发展的道路上遇到了强大的阻碍，不妨采取"走为上"的策略，保存自己的实力，为你以后的发展打下基础。

茫茫人海中，我们只是沧海一粟，想往上爬可谓是困难重重，尤其是越往高处就越是难走。因为站在金字塔塔尖的毕竟是少数人，而这少数人当中，几乎都是极具智慧和能力的人。所以，要想以弱胜强、绝地反击，韬光养晦的思想就是你不得不掌握的智慧了。

适当圆滑，如鱼得水

要想做出成绩，光靠能吃苦耐劳的蛮干精神还不够，还需要再加点“圆滑”“巧劲儿”。这样一来，你的事业才会变得更加轻松和简单。狼是一种很“圆滑”的动物，即使饥饿的时候，也不会傻乎乎地去和狮子、大象单挑，而总是找来羊和兔子“祭五脏庙”。这不是专挑软柿子，也不是畏惧艰辛，只是既然可以同样达到“填饱肚子”的目的，又何必白白浪费力气去冒险呢？我们在工作中也是一样，往往埋头苦干还干不出什么成效，被老板骂了还觉得委屈。究其实质，就是因为我们总是专挑“狮子和大象”，而放弃了“兔子和羊”，不懂得运用“圆滑”这种巧妙的力量。

所谓“圆滑”，就是不墨守成规，做人做事不能太过机械和呆板，而应选用一种简便的方式来解决。兵法有云：“上兵伐谋，其次伐交，其次伐兵，其下攻城。攻城之法，为不得已。”就是说，运用智慧的“巧取”，才是最高级的战术。以刚克刚的蛮干，只有在没办法的情况下才会使用。外圆内方的小小一枚铜钱，就将这种智慧包含在其中。它内在的“方”，就是要我们内心要有勤劳踏实的苦干精神；而外在的“圆”，就是指要会灵活地运用“圆滑”这股巧劲。光有内在的“方”还不够，我们得到的还不是完整的“钱”。我们所需要的，还有外在的“圆”。这就好像擦玻璃一样，你使劲地擦，但怎么也擦不干净，弄不好还会把玻璃弄破。其实，你只要在上面放点儿洗涤剂，用水一冲就可以了。所以，我们身在职场，也应该掌握这种智慧。

小马现在的事业越来越红火，开着宝马车，住着小洋楼，是人人羡慕的地产大亨。而一开始，他也只是一个普通的打工者。能有今天的成就，除了他勤奋踏实外，只不过比一般人“圆滑”一点而已。其实，当时想做房地产的人很多，只是都没有那么多的钱而已。小马也不例外，当时他来到北方的时候，身上总共的资产也不过两万元。要靠着两万元来做房地产，那简直是天方夜谭。要是别人面对着这么“一大笔资金”的话，还不愁死了。但小马没有“哭爹喊娘”地到处借钱，他只是用了一个巧妙的方法，就找到了他创业的原始资金。他找到一个财务公司的老总，将自己的想法和个人的资历都展示出来，又将当前的形势仔细一分析，然后说：“我现在有一单赚钱的生意，不如我们合作，我出 1500 万元，你出 600 万元，怎么样?”对方虽是商场骨灰级的人物，但对貌似精英的小马也不敢轻视，结果便慷慨地拿出了 600 万元。小马其实哪有 1500 万元呢？但是，有了这 600 万元，他马上就从银行贷出了 1500 万元。于是，手上就有了这 2100 万元。当时是房地产热潮期，再加上小马善用“巧劲儿”，当然是只赚不赔的生意。第一笔生意成功了，财务公司和银行就更加相信小马了。于是，小马便一步步从一个一文不名的穷小子，走上了地产大亨的星光大道。

从这个故事里，我们可以看到，困难和容易也只是在一线之间。关键就是，看你会不会灵活地运用“圆滑”这股“巧劲儿”了。小马用了这股“巧劲儿”，一下子就从没有钱变成百万富翁。“圆滑”就是一股巧妙的力量，当你无法将一块大石头搬走的时候，千万别使蛮劲儿，你应该推着它走，或是用杠杆撬着它走。因为光靠蛮力是不够的，就算你干好了，那也会费尽九牛二虎之力，让你大伤元气。那么，如果只要“圆滑”一点点就可以省钱、省力、省时间，何乐而不为呢？我们在工作中遇到的困难，就无异于摆在我们面前的大石头。当我们铆足了力气还做不好的时候，就应该想想，是不是我们缺少这样的智慧？毕竟“方”加上“圆”才等于钱。那么，当你学会运用这种智慧之后，它肯定会让你的事业更加如鱼得水。

知己知彼，百战不殆

在职场中，要想让自己立于不败之地，就必须像狼在捕食前那样，认清对方的情况，做到“知己知彼”，才能“百战百胜”。狼一般在行动之前，总是会站在高处，一方面是观察猎物的情况，另一方面也是在观察有没有对手埋伏在周围，然后才会出手。狼的这种做法很值得我们学习，也就是所谓的“知己知彼”。《孙子·谋攻篇》云：“知己知彼，百战不殆；不知彼而知己，一胜一负；不知彼，不知己，每战必殆。”就是说，在充分了解对手的情况下，“以己之长克敌之短”才能得胜。否则，对你的对手一无所知，一战之后必定惨不忍睹。

当年诸葛亮之所以敢大摆空城计，就是因为诸葛亮太了解司马懿生性多疑的性格，所以才能不费一兵一卒，就将敌人的 15 万大军吓走。电影《东邪西毒》里也有这样一个故事：盲剑客为了筹集回乡的盘缠，而去杀一群马贼。但这位盲剑客是眼盲心也盲，在不了解马贼实力的情况下贸然行动，结果丢了小命，连心爱的“桃花”也无缘再见最后一面，化作了一具“会说话”的尸体。为什么说尸体也会说话呢？因为他的“老板”欧阳锋从他的身体上看出了致命的一刀是用左手使出来的。也就是说，在这群马贼当中，有一个擅用左手刀的高手。如果除掉了他，那么剩下的马贼只是虾兵蟹将，不足为患。于是，殴阳锋将敌人的秘密告诉了下一个刺客——洪七。结果，在下一场与马贼的恶战中，洪七的眼睛始终在搜索用左手的人，终于一刀砍下了那只使快刀的左手。众马贼惊慌不已，被洪七杀得人仰马翻。所以说，盲目的出击必将付出惨痛的代价；要想克敌制胜，事先要知己知彼，提防那只隐形的“左手”，这个道理在职场中同样适用。

小薇已经工作六年了，现在是总经理助理。在这六年里，无论做什么，她都非常认真地对待，工作上从未松懈过。刚来这家公司的时候，对什么都感到新鲜和好奇，就算是客户的一个电话，她都当成是学习的内容，其他的处理技巧就更不用说了。这一切的努力没有白费，终于让她得到了领导的赏识，在工作半年后，就被提升为主管。这一点极大地调动了她对工作的热情。在以后的日子里，小薇还是一如既往地努力工作，职位也一直往上升，直到三年前升到了总经理助理的位置。但自此以后，就没有再升了，因为再往上升的话，就是总经理的位置了。小薇不是不想，只是觉得难度太大，但是她对工作却一直未放松过。终于，有一天机会来了，因为总经理因病离职了。小薇放眼公司上下，其他部门的经理虽也较为出色，但感觉比不上自己，看来总经理的位置是非她莫属了。于是，她便继续忙着自己手上的工作，等待着好消息的到来。但当消息公布时，小薇简直不敢相信自己的耳朵。这是因为，公司宣布下一任的总经理是业务部的程经理。直到这时候她才知道，在总经理离职的时候，程经理接下了一个大单子，而且事关公司新市场的开拓，结果赢得了上层的青睐而“荣登宝座”。小薇当时真后悔，如果早知道程经理的计划，她就不会败得这么惨了。可这个时候，谁还和她说这些呢？

其实，这样的事情在职场上屡见不鲜。本以为自己会稳坐头把交椅的人，往往最后都会失望而归，就像上面这个案例一样。论资历，小薇是当仁不让的最佳接班人。但是，在这种情况下，像小薇这样的人如果自己松懈了，没有认清对手的情况，忽视了别人的隐形“杀招”，最后败下阵来也就不足为奇了。所以，在职场上千万不可忽视你的对手。就算是在你占有明显优势的情况下，也不能例外。我们身处职场中，可谓是处处危机。要想出人头地，就必须“知己知彼”，才能“百战不殆”。这是因为，只有了解别人的短处和自己的长处，才能以己之长克敌之短，让自己立于不败之地。

巧借外力，拨动千斤

狼在与马对敌的时候，不是跳起来去咬马的脖子，而是先咬破它的肚皮，让它的肠子流到地上之后，再在马的身边打转。这样马在奋力踢狼的时候，便将自己的内脏踢“空”。最后，马死在了自己的“铁蹄”之下，狼则不战而胜。这一招，就是“四两拨千斤”。

所谓“四两拨千斤”，便是借力打力、以弱胜强的攻击方式。在金庸武侠小说里，以这招而扬名的典型有三人：第一个是“以彼之道还施彼身”的姑苏慕容复；第二个是在百岁之际创下“太极拳”的武当创始人张三丰；最后一个则是身怀“乾坤大挪移”绝技的明教教主张无忌。但真正将这一招运用至化境的，还是《西游记》中万里取经的大唐圣僧唐玄奘。因为他的“普度众生”，不但借来了唐王李世民的力量，而且还借来了神佛的力量。于是，他变成了大唐天子的“拜把兄弟”，变成了战斗力超强的孙悟空的师傅。他一路走来，人人都不敢阻拦。偶尔遇到几个孙悟空搞不定的妖怪，神佛来帮他搞定。达到了这种层次，你说谁能比得上他？在现实中，我们难免也会遇到像“唐僧取经”这样的困难，自己无法解决的时候，试试借力打力，或许就能达到“四两拨千斤”的效果。

小闵是一家书店的老板，经营方式以出租为主，由于脑筋灵活、能说会道，生意做得颇为红火。但所租的门面最近要拆迁，小闵不得不转移“根据地”。但是，这么多书，自己什么时候才能搬完啊。要是请人来搬的话，那也得花上一笔钱啊！虽说书店的生意好，但也是小本生意，小闵可舍不得花这个钱来请人。而且这一“转移”，不免会丢失一部分顾客。小闵为此可真是愁得吃不香、睡不好。后来，他的朋友小英给他出了个主意，就轻松搞定了这件事情。小英的办法就是：免费将这些书借出去，条件就是要多借几本，而且不是还到这里，而是还到新书店去。这样不但省下了人力、财力，还给新书店做了一次免费的宣传。小闵一听，拍案叫好，于是便将告示贴出去。结果，一个星期之内，就把所有的搬迁工作完成了。而且这次免费借书，不但挽留了大部分老顾客，还招来很多新顾客。现在的小闵，可是笑开了花。

毛主席说，人民群众的力量是无穷无尽的。小闵通过“广大人民群众”来“借力打力”，书店的搬迁工作便成 小菜一碟了。其实，我们可以借来的不只有“力气”，很多时候，我们还能借来名气和利益。

一个月前的杰克，在老板眼里是最笨的除草机推销员，因为几个月下来他没卖出一台机器。为此，老板不得不给杰克下最后的通牒：“如果在这个月里还是没有业绩的话，你就卷起铺盖走人。”杰克为此也是烦恼不已，总不能自己买一台吧？一日，杰克正在心不在焉地看报纸的时候，突然有一个消息让他眼前一亮。原来，报纸上登出了一张“草长莺飞”的花园照片，而这个花园里住着的却是当今的总统。于是，他写了一封信给总统，信里说道：“亲爱的总统大人，我知道您日理万机，家庭的重担都落在您美丽的夫人身上。

她不但要打理家务，还得为您照顾孩子。但是，您曾经美丽的花园，那里的草已经长得很高了。我知道您无暇照顾家里，那么我愿代表所有公民，为您做件事：希望我的除草机可以为您的家庭尽一点微薄之力。”总统看罢，很是感动，于是便买下了杰克手里的一台除草机。这件事很快传遍了大街小巷，人人都知道，总统家里用的除草机是在哪里买的。一个月后，杰克的除草机很快就被抢购一空，杰克也从一个快要失业的穷光蛋变成了一个全国知名的推销员。

从这个故事里，我们可以看到，杰克正是借用了总统的名气，而成就了自己。假如你也是一名推销员的话，面对你的顾客就不能一股脑地介绍自己的产品，而是首先要看看你是否可以“借力打力”。身在职场，面对越来越激烈的竞争，我们遇到狂风巨浪也是在所难免的。也许我们个人的力量是微不足道的，单凭自己就想力挽狂澜也是很困难的。这个时候，我们就要学会给自己找一个帮我们躲避风浪的港湾。这个港湾就是除“我”以外的外在力量，它可以是我们的朋友，可以是我们的领导，也可以是陌生人，甚至是我们的敌人。关键就看你会不会从别人那里“借力”来“打力”。《劝学》有云：“登高而招，臂非加长也，而见者远；顺风而呼，声非加疾也，而闻者彰。君子生非异也，而善假于物也。”这一语便道破了“四两拨千斤”的真谛，这个“假”便是“借”。我们有船便能航海，我们有飞机便能飞天，善“假”于物，我们便能人所不能。所以，在职场中，学会了借力打力的“四两拨千斤”，我们就可以成为“笑傲江湖”的绝顶高手。

第 3 章

狼勇无敌：要想有所为，就要无所畏

《屠龙战场》里说：“与其讨论勇气，不如直面恐惧。”那些碌碌无为的人，最缺乏的就是一种敢于直面惨淡人生的勇气和追求实干的精神。很多时候，扔掉怯懦，放手一搏，往往就是可以力挽狂澜的绝招。这就像狼勇敢地冲进羊圈一样。当你果敢地冲进去，或许就会发现，在那里，有你一直期待的成功果实。

谋略的实施需要勇气支撑

计划得再好，还得有付诸实践的勇气，就像狼为了得到羊群而敢去引开牧羊犬一样。否则，那便是“光说不练”，就算再高深的谋略，到头来也只是竹篮打水一场空。羊明白，它们可以惬意地享受美食，是因为有牧羊犬给它们站岗。狼也明白，要想得到羊群的话，就只有将牧羊犬引开。于是，一个伟大而悲壮的计划诞生了，那就是“牺牲小我，成就大我”——由一匹或几匹狼引开牧羊犬，其余的狼围猎羊群。尽管困难重重，但狼还是获得了赖以生存的食物。这不仅是因为它有锋利的牙齿和过人的智慧，更重要的是它有实施计划的勇气。

尽管人们常说，有勇无谋是匹夫之勇，那么有谋无勇便不如不谋。千万别忘了，“实践是检验真理的唯一标准”。否则，那便是“光说不练”，就算再高深的谋略，到头来还是竹篮打水一场空。我们要明白，谋略的背后往往都潜伏着一定的困难或危险，更有甚者犹如当年的荆轲刺秦王，要付出生命的代价。就是说，伟大的谋略就必须有足够的勇气才能落实。

当年，班超将随窦固远征西域，奉窦固之命亲自率领36人到达鄯善，与鄯善王共商对抗匈奴之事。他先受到了热情的接待，而后却遭到冷遇。凭借敏锐的直觉，班超觉得这其中必有隐情，于是抓来一个侍者逼问。果不其然，匈奴也派来使者密谋联合。于是，他招来部下商讨应对之策。班超说："当今之计，独有因夜以火攻虏，使彼不知我多少，必大震慑，可殄尽也。灭此虏，则鄯善破胆，功成事立矣。"此计虽妙，但毕竟只有区区 36 人，其中的风险不言而喻。其中，也有人心生胆怯。但班超审时度势，一句"不入虎穴，焉得虎子"还是鼓起了部下的勇气。天黑之后，众人便在鄯善的营地点起了大火，不远的暗处也同时响起震天的鼓声。一切如班超所料，鄯善王和匈奴使者都为之震慑，以为大汉铁骑来攻。而说时迟那时快，班超带领部下，冲入匈奴阵营，将之杀得丢盔弃甲、屁滚尿流。最终，鄯善王向班超妥协了。

我们换个角度想一下，要是这数十人都没有实施计划的勇气，那么最终的结局是什么？肯定不是鄯善王的妥协，说不定班超和他的 36 名部下都得掉脑袋。而正是因为他们的勇气，才使他们的计划得以实施。我们很多人都不乏谋略的头脑，对目标都有很全面的计划。但很多时候，我们会面对困难望而却步，使计划最终落空。

江华是留美的研究生，在他乡一直过着半工半读的生活。他所从事的一些职业也都是端盘子、倒水的工作，生活上也存在着一定的压力。某日，他看到一位教授招聘一名助手的消息，而且薪水颇高。江华心想：这不但能解决生活上的压力，同时还有助于自己的学业。于是，江华便开始计划自己的应聘工作。参加笔试的人很多，其中也有华人学生。成绩公布出来后，江华和另两名华人学生通过了考试，接下来就是三天后的面试。江华非常高兴，但是另两名学生却不像江华一样开心。原来，他们打听到，这位教授曾在越南战场上当过解放军的战俘，认为他肯定对中国人有偏见，面试这一关肯定过不了。因此，他们俩干脆就放弃了面试。江华一听，也是头上直冒冷汗。但辛辛苦苦才计划好的面试，难道就这样放弃了吗？江华心中不甘，心想："就算是失败也得试一下，不然怎么对得起自己？"面试那天，江华镇定自若地回答了教授的所有问题。结果，教授说了句："就你了。"为此，江华感到惊喜不已。教授又说："其实，在笔试中你并不是最优秀的，但是你却比其他的人更有勇气。连尝试的勇气都没有的人，我想工作他们也不会做好。"

也许你的计划是完善的，但面临困难就选择放弃，那么你的计划便落空了。就像上面那两位学生一样，难道不觉得遗憾吗？虽说"谋事在人，成事在天"，但要是没有勇气将你的计划实践出来，你又怎能知道你放弃的是什么呢？我们都知道三思而后行，这是没错的。但不能因为眼前的困难或潜在的危机，就吓得我们"魂飞魄散"，空守着手中堪称完美的计划而原地不动。在竞争越演越烈的环境下，我们为了求职而挖空心思，为了升职加薪而想破脑袋，但有时却患得患失，没有付诸实践的勇气。结果，我们还是被茫茫人海所淹没，在公司里仍是一颗小"螺丝钉"。古语有云："上攻伐谋。"但要是没有英勇的士兵冲锋陷阵的话，那谋之何用？所以说，谋略的实施还需要勇气的支撑，两者相辅相成，缺一不可。如果你对事业有很好的规划，那么千万别放弃，拿出你的勇气，勇敢地将它付诸实践吧！

勇者不惧，放手一搏

很多时候，放手一搏往往是力挽狂澜的绝招，就像狼勇敢地冲进羊圈一样。当你果敢地冲进去，或许在那里，有你一直所期待的成功果实。寒冷的冬天里，苍茫的大地上，饥饿的狼群已经很久没找到食物了。再这样下去，迟早会被饿死。但“皇天不负有心人”，它们还是发现了远处圈起的羊棚。尽管那里可能有牧羊人的猎枪，但它们还是毫不犹豫地冲过去。因为它们知道，在这个生死攸关的时刻，只有放手一搏才能让自己活下来。

其实很多时候，命运就掌握在我们自己的手里，但结果是好是坏却因人而异，主要就是因为有的人敢放手一搏，而有的人却只知道怨天尤人。就好像不久之前的经济危机一样，很多人都丢了饭碗，但却有一部分人借助着这个机会，重新站了起来，而且活得比以前更潇洒。为什么呢？因为这次危机不但带来了灾难，同时也带来了机会。这些人就是借助这样的机会放手一搏，成就了自己的事业；而怨天尤人的人，还沉浸在痛苦之中不能自拔。那么，在类似这样的时候，你会选择打退堂鼓，还是准备放手一搏呢？

在世界花样滑冰的赛场上，选手关颖珊也面临着这样的选择。她的理想是夺得冠军，但是目前的总分却只是第三名。照目前这种情况，要是再用保守的“打法”，就只能和冠军失之交臂。但要是选择突破的话，也许还有获胜的机会，但同时也增大了失败的风险，甚至连第三名可能都保不住了。究竟该怎么办呢？胜负就在转瞬之间。当赛场上响起了优美的音乐时，她做出了选择——突破。她不想因为自身的压力而放弃成功的机会。用她自己的话说，就是不想在失败之后，才知道原来自己还有选择的权利。在短短几分钟的音乐里，她选择了难度最大的跳跃动作，而且还连续地将这个完美的动作表演了两次。赛场上所有的人都被她折服了，她终于成功了。很多时候，我们总是说，想当初要是能拼一把，就不会是目前这样。而这样说的原因，或许只能说明自己现在后悔了。那么，我们再看看下面这个没有后悔的故事吧。

大龙终于等到某网络公司的面试通知，压在心里的大石头终于也变轻了。在这次投简历前，他做了充分的调查研究，费了不少的心思，现在也算是“皇天不负有心人”吧。面试的那天，人还真不少，起码有二三十个。在简短的等待过后，大龙便走进面试的办公室。面试官是一个表情严肃的中年人，那天也不知道怎么回事，大龙的表现不是很理想。也就七八分钟的样子，面试官便让他回去等消息。大龙很是失落，觉得好不容易争取来的面试机会可能又要泡汤了。正起身要走时，进来一个人。大龙觉得很面熟，仔细一想，应该是该公司的陈总，大龙曾在网上看过他的照片。大龙心想，反正也是机会渺茫了，不如放手一搏。于是，他开口道：“陈总，您好！贵公司的问题想必您自己也清楚，不立即采取措施的话，可能危在旦夕。”陈总一愣，面试官也看了过来，道：“什么意思？”话说到这份上，大龙也就豁出去了，大胆地把自己对该公司网站的意见都说了出来。陈总与面试官听了后，不停地交换着眼色。最终，面试官开口说："下星期一来上班吧。"结果，上任以后，大龙不是做一名普通的员工，而是成为总经理的助理。

从这个故事中，我们可以看出，放手一搏往往是在绝境中力挽狂澜的绝招。在希望渺茫的时候，与其等待"死亡"，不如放手一搏，大胆地表明自己的看法、自己的意见。说不定，你的看法和意见正是领导们所需要的东西。不试试就肯定没有机会，试着拼一把，说不定就能拼出个奇迹。我们的人生需要各种尝试和体验，这样才会更加精彩。看看眼前，或许，这次你真的应该放手一搏了。

两强相遇勇者胜

两个高手对决的时候，谁更有勇气，赢的机会就会更大，就像陷入包围圈中的狼与猎狗相搏一样。因为这种“勇气”，能让你拥有积极的心态，来正确应对。否则，你就会方寸大乱，一败涂地。俗话说：“常在河边走，哪能不湿鞋?”狼也有失策的时候，也会陷入猎狗的包围圈。但狼是笑傲丛林的英雄，猎狗是牛羊的守护神。狼不会低头，猎狗不会松口。一场高手的对决，犹如“决战紫禁之巅”，而真正的天下第一剑客只有一个，那么一场血腥的厮杀就在所难免。尽管狼一个接着一个地倒下，但是它们却从未放弃决战的勇气，依然沉着应战。结果，狼突围成功了。

勇气是一种顽强的意志。有了它，便能让你拥有积极的心态，来正确地应对。否则，就会让你方寸大乱，一败涂地。曾在一部电影里，看过类似于这样的故事。当初入江湖的年轻人问“刀神”的刀法秘诀时，“刀神”的回答是：“千万别怕刀！因为刀向你劈来时，你越是害怕而躲闪，就越会增强那把刀的杀气，那把刀就会凶猛地向你砍来，那么你自己的刀法就会越乱，这就给了别人可乘之机。但如果你要是向劈来的刀冲过去的话，就会减弱对方的杀气，对方就会手软，那么就会打乱对方的阵脚，而此时你就会越战越勇，将你的力量发挥得淋漓尽致，这就得到了相反的结局。”这就像金庸武侠小说里的“独孤九剑”一样，招招式式没有防守只有进攻。令狐冲就是凭借了这一手扬名于江湖，打败了当时的天下第一高手“东方不败”。当然，这只是虚构的故事，但却蕴含着哲理。在职场的生涯里，这也同样适用，只不过我们的对手不是“刀剑”，也不是“绣花针”。

刘凯和张丰都是某科技公司销售部的副总经理。二人一直明争暗斗，总想爬到对方的头上，只是一直苦于没有机会。近来不知从哪里传来的消息：某研究所正在开发一种极具市场潜力的产品，但苦于资金不足，新产品的开发不得不停下来。刘凯和张丰都觉得这是一个难得的机会，开始盘算起各自的计划，希望能由自己将这个产品引进公司。经过一番详细的调查之后，二人各自的心里都觉得这会是一种畅销的商品，暗地里争斗得死去活来。但当他们争先恐后地向公司汇报这个计划之后，公司领导却认为这个项目的投资风险太大，至少得投资600万元，就目前公司的状况来说，还没必要冒这么大的风险。这无疑是给他们火热的心上浇了一瓢冷水。但是，他们都还不愿放弃。刘凯几次三番地找领导，但还是被拒绝，要他自己去投资。他还有点不敢，最终还是动摇了。而这却让张丰有了更多的时间来筹划，他认为指望公司是没戏了，但这确实是“天上掉下的馅饼”，没理由不干。经过仔细思考之后，他决定将自己的房子和车都拿到银行去抵押贷款，再加上手头的一些积蓄和从朋友那里借来的钱，终于筹够了600万元。他大手一挥，就将自己的600万元抛给了研究所。正所谓：“精诚所至，金石为开。”一年后，该产品研发成功，一投入市场，就被广大客户抢购。由于为公司带来了巨大的利益，不但之前的投资全部收回，而且还得到一笔不菲的奖金，同时被任命为公司副总经理，成为刘凯的顶头上司。而此时的刘凯却只能站在一边黯然神伤了，他只恨当初没有张丰那样的勇气。

从这个案例看来，张丰是在自己勇气的支配下，将事情看得更透彻、更清楚，从而采取最正确的措施，赢得了最后的胜利。而刘凯却畏首畏尾，最初的勇气慢慢地消失殆尽，最终只能饮恨于别人的“刀下”。我们在工作中，也难免会遇到这样的时刻、这样的对手。这就需要你鼓足勇气，以积极的心态来沉着应战，千万不能松懈，给别人可乘之机，那么就可以大大地增加你的胜算。这就像老渔人圣地亚哥和他的对手——鲨鱼一样，老人用手中的钢叉不断地向鲨鱼刺去，鲨鱼也将老人拖向大海。这时就看谁更有斗争的勇气，谁松懈了，谁就得死。终于，鲨鱼松懈了，老人获胜了。勇气是一种坚韧的力量，它不但可以在两强相争中凸显出自己的优势，更能在暗流涌动的大海中战胜鲨鱼。而现代的职场就是一个瞬息万变的海洋，里面不但有鲨鱼，甚至还有怪兽。为了能在大海里生存，那么你就不得不鼓足随时与之相搏的勇气了。

生当作人杰，平庸非好汉

在任何环境下，都要有“生当作人杰”的志向，让自己在竞争激烈的环境下，实现自我超越和自我追求，就像狼在丛林里不甘平庸一样。否则，你就会与社会脱节，跟不上社会前进的步伐。论实力，狼在丛林之中不是“天下第一”。但它却不会像别的动物一样，向狮子、老虎摇尾乞怜，屈居于它们之下。狼也有“生当作人杰，死亦为鬼雄”的理想和志向，那就是做一名丛林中的孤胆英雄，吃的要自己抓，对手找上门来也不怕，就算是不断改变的环境也无法将之奈何。所以，当别的物种越来越少时，狼的家族却还在不断地壮大。“生当作人杰，死亦为鬼雄”，就是要有足够的勇气，在任何环境下，不断提升自己，让自己在竞争激烈的环境下，不断地自我超越和自我追求。但这样的壮志豪情并不是每个人都赞同的，倒是有的人认为“平平淡淡才是真”。

但是，我们赤裸裸地来到这个世界上，又赤裸裸地离开，难道就甘愿什么都没留下吗？我们一生下来就有传宗接代的责任，长大了有供养父母的责任，成家以后又有抚养孩子的责任。这么多的责任需要我们来肩负，难道你还只想平平淡淡吗？所谓的“平平淡淡”，看似超凡脱俗，其内在却是毫无目标地虚度光阴。有一份工作，就不求上进；一月挣点可怜的钱，就自我满足……这样的人有没有想过，你的甘于平庸会让你与社会脱节，会让你跟不上社会 前进的步伐！达尔文说："物竞天择，适者生存。"那么，你是鼓足勇气，去追求高风亮节的"人杰"，还是唯唯诺诺，选择平庸度日？有的人选择了后者，而刘夏选择了前者。

刘夏是某集团旗下一家分公司的员工，自毕业以后，他在这里工作一年多了。由于分公司规模较小，在半死不活的情况下，竞争也不大。再说该集团已有50多年的历史，该分公司每年的业绩也就是属于"不求有功，但求无过"的那种。反正是"大树底下好乘凉"，于是大部分人都是按部就班地工作，没想过再做出什么大事业、大贡献。但是，刘夏却和他们不同，他想做出突出的业绩来。所以，他对于自己的工作向来是一丝不苟，而且在工作中不断地学习，努力地提升自己。作为关系较好的哥们，一个名叫慧明的同事忍不住就对他说："哥们儿，这么拼命干吗？再努力，就咱头上那几个位子，咱们也坐不上去呀！"这话不假，在他们头上也就一个总经理、一个副经理和三个部门的主管，都是从总公司调来的资深人士，要想爬到管理阶层，的确不是一件容易的事情。但刘夏还是坚持着。有一天，"噩运"突然降临了。总公司说，该分公司多年来没有创造什么价值，存在的价值也不高，为适应市场的需求，决定解散该分公司。这个消息无异于晴天霹雳。就在慧明和大家都愁眉苦脸的时候，刘夏的眼里露出了欣慰的笑容。因为该分公司每年的个人业绩都要向总公司汇报，总公司领导认为刘夏是可造之才，于是就在解散公司的时候，将他调到另一分公司去任部门主管。别人都降为"贫民"了，而刘夏却"升官"了。

从这个故事里，我们能看出，越是有追求的人就越有成就，越是对自己要求严格的人就越能够绝地反击、浴火重生。而甘于平庸的人，在不幸降临时，只能自怨自艾，不住地叹息。我们知道，温室里的花朵经不住风吹雨打，那是因为甘于享受送来的水和养料，它们看不到天外天，不知道外面的世界是什么颜色。尽管它们美丽、娇柔，但却只能“远观而不可亵玩焉”，因为它们是那么的脆弱。哪一天花棚倒了，那么它们的生命也就结束了。而小草不一样，它们知道，天有时是蓝色的，有时是黑色的；天空不仅是万里艳阳，也会是千里雪飘。它们可以从石头缝里蹦出来，也可以不断地挣扎向上。那么，区区雨雪风霜，又怎能撼动它们的执着与坚强。所以，我们要想在竞争激烈的职场中生存，那么就要有勇气去做力争向上的小草。陈胜一句“王侯将相宁有种乎”，是对命运的挑战，而刘邦的“大丈夫生当如此”更是一种对“人杰”执着的追求。在昔日的江边，乌云蔽日，一个柔弱的女子低低地吟唱：“至今思项羽，不肯过江东……”难道，我们就该向命运妥协吗？

危急时刻更显勇者霸气

在危险时刻，只有处变不惊、临危不乱，人们才会冷静下来，想出最有效的方法来解决困难，将危险降到最低。否则，便会茫然不知所措，呆呆地等着噩运的降临。一匹狼不幸落入了猎人的陷阱，被夹住了一条腿，无法逃离陷阱。而不远处，正传来一阵阵嘈杂声。这预示着不是猎人的到来，就是其他动物在靠近。在这万分危急的时刻，狼没有仰天长啸，也没有黯然神伤，只是冷静地看了看那条被夹住的腿，接着，演绎了狼性中最悲壮的一幕——狼亲口咬断了那条被夹住的腿，一瘸一拐地逃了出去。狼的这种勇气，就是处变不惊、临危不乱的勇气。《心术》记载："为将之道，当先治心。泰山崩于前而色不变，麋鹿兴于左而目不瞬，然后可以制利害，可以待敌。"这句话说的就是这个道理。

当年，西楚大军兵临城下，刘邦被项羽一箭射得腰都直不了。但为了稳定军心，震慑住对手，刘邦上演了一出"泰山崩于前而色不变"的精彩表演。当时，他不仅面无痛苦之色，反而取笑其箭法太差，说是只射到了他的脚而已。结果，项羽以为一箭不中只是时机未到，这才没有强行进攻。刘邦被赶到了鬼门关，又跑了回来，凭借的就是这股处变不惊的勇气。尽管历史过去了，但这种精神却一代一代传下来了。

小华和小李都是某公司实习职员。眼看着一个月的试用期就快到了，二人的心里都忐忑不安，也不知道会不会被留下来。终于，在试用期结束的前一天，主管将二人都叫到办公室，说道：“二位的能力都还不错，但是不太适合我们的工作。明天，我会把你们这个月的工资给你们。希望你们在别的地方会有更好的发展。”下班以后，二人在地铁里聊了几句。小华说：“哎，真是天不遂人愿，这么辛苦熬过了这个月，原以为以我们的努力，公司会留下我们的，谁知却是竹篮打水一场空，真是生不逢时啊！”小李说：“那也没办法啊，或许这就叫是福不是祸，是祸躲不过吧。好好地‘享受’在公司的最后一天，把手上的事情都处理完，再想别的办法吧。”小华黯然道：“现在，我哪有心情去处理那些事啊？都得走人了，我还是去参加另一个招聘会吧，说不定还能碰到好运气。”话说到这里，地铁也到站了，二人也就分道扬镳各自回家了。第二天是星期五，过了这一天，他们就要被这个公司“放长假”了。小华拿了工资以后，什么也没交代，就耷拉着脑袋走出了公司。而小李拿了工资之后，却仍然处理手上还没做完的工作。时间过得还真快，眼看就要下班了。小李把工作都处理好了，打算向主管交代一下就走人了。但看着自己都处理好的工作，还真有几分的不舍。走进主管的办公室，主管一看是小李，说道：“还没走啊，快下班了吧？”小李道：“是的。这是我手上的工作，现在大部分处理好了。还有没做完的，我都在报告里交代清楚了。”“不错。”主管回答道，“明天就是周末了，希望你有个愉快的假期。”听到这话，小李的心里很不是滋味儿。但主管的话还没说完：“但别玩过了头啊，星期一上班的时候可别迟到了！”小李一惊：“上班？我不是没有被录用吗？”主管笑道：“实话告诉你吧，这是对你们实习期间的最后一个考验。我们的工作难免会遇到各种不同的变故，遇到事情就慌了阵脚，就像小华一样没交代一声就逃走了，我们又怎能要一个临阵脱逃的人呢？你的表现很不错，下星期一的时候，你就是公司的正式员工了。”听到这些话，小华欣喜不已。

职场就是这样，没有哪个领导喜欢临阵脱逃的员工，反而都是希望自己的员工可以临危不乱、处变不惊。因为只有这样的员工，才能有能力乘风破浪、独挑大梁。所以，就算是领导交给你的任务艰巨异常，你也应该冷静下来沉着应对，而不是一味地抱怨和推卸。只有这样，才能表现出你的才华，领导才会对你另眼相看。否则，领导只会认为你担当不了重任，没有能力胜任更高职位，你在公司里就只能一辈子当小员工。如果公司裁员的话，那么肯定会先拿你开刀，因为职场毕竟不是慈善机构，不是白养人的地方。有句话叫作：“会者不难，难者不会。”这并不是说有的人什么都能解决，而有的人一败涂地，只不过是“会者”有成功的感受，知道不应该被困难吓倒而已。那么，这句话就可以理解成：有勇气的人不怕困难，他们面对困难不惊慌、不害怕，冷静下来后，采取最有效的措施来解决，那么再难的事情也都不难了；相反，害怕困难的人一遇到困难就吓得半死，只会不断地逃避，以后一遇到这样的事情，就会觉得困难得要死，没有办法来解决。所以说，在突然降临的困难面前，千万不能逃避。

以勇气树立个人威信

身在职场，只要树立了自己的威信，别人就会承认我们、接受我们、尊重我们，我们的事业就会进行得更加顺畅。否则，我们很容易受到同事的轻视、领导的忽视。丛林里，只要听到一声狼嚎，许多动物都会吓得拔腿就跑。因为在它们的记忆中，狼所扮演的角色给它们留下了不可磨灭的印象。如果动物要是也懂得人类语言的话，它们就会知道，我们称类似这样的印象叫作威信。说到这里，有的人会说，是不是凶狠一点就是威信？当然不是，因为整天不苟言笑，别人只会当你是“刺猬”，都对你敬而远之。你想求人办事的话，那就会比登天还难，毫无威信可言。那么，有权有势是不是威信？事实上也不是。就算你是领导，对人呼来喝去，别人也只认为你是作威作福，嘴上服你，心里骂你，给你办的事，不办砸了算是对得起你。而真正的威信绝对不是这样，这里的“威”是可以威慑住别人，让人臣服的实力；而这里的“信”则是信念，值得别人相信。

威信不仅是一种让人甘愿臣服、乐于接受的力量，更是一种极其强大的精神影响力，就像是乔峰对于丐帮、孙悟空对于“取经四人组”一样。在现实生活中，我们需要这样的威信。也许是我们的背景不如别人，我们的能力还没有得到承认，因而在工作中会受到同事的轻视、领导的忽视，让我们越发不得志。但只要我们拿出我们的勇气，树立我们的威信，别人就会承认我们、接受我们、尊重我们，我们的事业就会进行得更加顺畅。

当X公司在B地区的分公司成立以后，曾是一名普通员工的王凯由于业绩出众而被任命为客户部经理。从普通员工晋升到中层管理者，王凯自是欣喜不已，但却没想到迎面而来的也是更多的困难。上任以后，王凯发现由于自己背后没有靠山，资历又不深，往往下达的命令是有人听、没人做。王凯知道，应该在新的环境里树立自己的威信。有一次，资历较深的员工小刘因为和客户谈不拢，遭到了客户的投诉。但是，投诉信到了王凯手里以后，他并没有直接上报到公司，而是亲自找到了客户，凭借自己出色的工作能力打动了客户，将这笔交易谈成了。他私下里批评了小刘，但该表扬的都在公司里表扬了。这次，小刘对王凯佩服得五体投地。不仅是这次，后来只要是下属和客户谈得不顺利，或是遭到客户的投诉，王凯总会挺身而出，为下属排忧解难。渐渐地，王凯成为员工们的主心骨，只要王凯的命令一到，马上就有人执行。没人再敢轻视王凯，员工都把王凯当成是分公司里的中流砥柱。

正所谓“事在人为”。王凯可以树立自己的威信，来成就自己的事业。其实每个人都可以，尽管你是最普通的一员，但只要有勇气去做，你就可以。

小凤是一个农村家庭的女孩，平时学习成绩优异。但为了节省家里的开支，她初中毕业后没有选择读高中、上大学，而是选择了一所中专的文秘专业。中专毕业后，因为学历低总是被别人拒之门外，小凤知道中专的水平不能适应市场需要。所以，在两年半工半读的环境下，她考取了高级文秘的学历。于是，小凤带着自己的希望来到B城市。尽管求职的路坎坷不平，但是小凤还是凭着自己的毅力和能力，应聘到了一个文秘的职位。由于是自考的学历，她总是受到同事们的轻视。小凤暗下决心，一定要用自己的实力来证明自己。有一次，一个大客户来公司和老总谈一个业务。但是，不知哪里没谈拢，该客户的态度变得很不友好。言下之意，就是我这么大的业务，你们能不能担待得起？说白了，就是想让老总知难而退。这时，老总脸色也不好看，心想业务泡汤了，还受一肚子气。这时，小凤把话题接了过去。老总本以为小凤只是在帮他打圆场，挽回点面子。谁知小凤话锋一转，通过有力的数据证明和战略分析，把客户说得不停点头。最终，公司将这张大单子签了下来。客户走后，公司里响起了雷鸣般的掌声。从那天以后，小凤得到了同事们的认同，而且还被老总升为总经理助理。

所以说，要想成就自己的事业，家庭背景不是问题，学历也不是问题，关键就是你有没有树立自己威信的勇气，让别人来承认你、接受你。我们总是说，有人在老板面前说三道四诋毁我们的形象，总是说老板有眼无珠不懂得重用人才。但你可曾想过勇敢地去证明自己，用你的威信去封住那些爱说的嘴，用你的威信让自己在老板面前闪光？事实上没有，你只会自怨自艾、黯然神伤。套用一句话，莫斯科不相信眼泪，职场也不相信眼泪，没有人会去怜惜职场上的“林妹妹”。所以，你如果在职场不得志，处处被人看轻，那么就得勇敢地抬起头，树立自己的威信，用你自己的实力来证明你自己。

生来就不走寻常路

身在职场，要有敢于创新和敢于尝试的勇气，才能适应变幻不定的职场环境。否则，就只能畏缩在陈旧的观念里，禁不起未知事物的考验，终将会被淘汰。在一个寒冷的冬天里，一匹饥饿的狼在丛林里转悠了好几天，却没有发现任何猎物的踪迹。就在饿得快要死的时候，它发现枯树旁边有一群从未吃过的白蚁。于是，狼不顾一切地将这些白蚁都舔食到肚子里。终于，狼没有被饿死。其实，这匹狼吃白蚁，凭借的就是一种敢于创新、敢于尝试的勇气。否则，就算是有再多的白蚁，还是救不了它的命。就像“敢于第一个吃螃蟹的人”一样，人们都快饿死了，看到身边有成群的螃蟹，却没人敢吃。因为在大家的心目中，螃蟹不是常规印象中的“食物”。结果，很多人一批又一批饿得倒下了。倒是那个敢吃螃蟹的人，最终却活了下来。所以说，在前进的步伐中，就要敢于不断地创新、不断地尝试。古人云：“水因地而制流，兵因敌而制胜。故兵无常势，水无常形。能因变化而取胜者，谓之神。”说的就是这种随环境的改变而敢于创新的勇气。

当年电风扇才开始盛行的时候，某公司积极投资进行大批量生产。但后来，由于市场上的电风扇供过于求，便积压了上百万台在仓库里。一时间，公司动员上千名员工来进行推销，但结果仍然令人担忧。董事会为了“消化”掉这堆积如山的产品，便鼓励员工们一起出谋划策，并承诺："谁要是有好办法，将这些产品卖出去，就升谁为副总经理。"消息一传出来，人人都在想着如何推销，但都是"老路子"：有的说降价，有的说开拓新市场……效果都不理想。直到一个年轻的小员工的出现，才改变了这一结局。这个小员工的想法，就是改变电风扇的颜色。原来，当时的电风扇不像现在这样什么颜色的都有，而只是一种颜色——黑色。很多人都认为这种想法是"不入流"的，没有什么实际的意义。但经过董事会的研究之后，还是通过了这个想法。于是，便将上百万台"黑"扇全都换成了"彩"扇。在第二年的夏季，"彩"扇一经投入市场，便在市场上刮起了一阵疯购的热潮，上百万台"彩"扇一售而空。而董事会也履行了当初的承诺，让这位名不见经传的小员工当上了公司的副总经理。

从上面的故事中，我们可以看到，在传统的观念下，人们认为"螃蟹"不是食物，所以人们不敢吃；电风扇都应该是黑色的，所以之前就没人想过电风扇也可以是其他颜色。于是，人们在新的想法或新的事物前才会望而却步，不敢向前跨出。因为潜意识已经告诉他们："这不是印象里的东西，多半是错的、危险的。"于是，有人饿死了，电风扇也卖不掉了。其实，所谓的概念都是人总结出来的，虽然你想的东西别人都没有想过，但为什么不去试一试呢？

蓝玲和魏紫同是一家公司的员工。一次，公司为了选拔一位主管，分别对她们进行了两次考核。第一次考核的题目是"领导喜欢什么样的员工"。当结果公布出来以后，蓝玲位居榜首，魏紫次之。紧接着便是第二轮的考核，谁知竟和上次的题目一样。蓝玲以为领导弄错了，直到领导强调没错之后，才开始答题。但这次的结果是二人并列第一。蓝玲心想："两次位居榜首，主管的位置还不是我的囊中之物?"但当结果宣布时，蓝玲没想到新任的主管是魏紫。当着那么多同事的面，蓝玲也没好意思发作。直到下班以后，别的同事都走了，蓝玲才敲开了领导的门。一进门，蓝玲便愤愤不平地说："我两次的考核成绩都是第一，为什么升职的却是别人?如果主管的人选已经定好的话，那这次考核又有什么意义?"领导好像早就知道蓝玲会来，只是将她们两人的试卷拿了出来："看看你和魏紫的试卷，尽管你的成绩很好，但同一个题目，你的两张试卷一模一样，而魏紫却不一样，她根据不同人进行了不同的分析。其实，大家都很欣赏你的成绩。但是，我们需要的主管每天都要面对不同的人和事，不仅需要具备才华，更需要创新的能力。我们用同一个题目考了两次，就是想找出一个有创新意识的员工来，为我们开拓新的市场。所以，这次我感到非常抱歉。"听到领导的这些话，蓝玲顿时羞愧难当。

由此可见，一个员工要是墨守成规，没有创新的能力和意识，那么也就不会有多大的作为。因为他只会守着自己的"一亩三分地"，不敢越雷池一步，那么，在未知的事物和挑战面前就会败下阵来。而市场却是不断更新的，也是无法预料的，那么我们就要不断地创新，才能跟上市场的步伐。明代大学者朱熹曾写道："问渠哪得清如许，为有源头活水来。"这就很形象地说明了这个道理。延伸到职场中来，"活水"就是"创新"，而"渠"就是职场环境。只有不断地尝试和创新，我们才能适应职场的需求。否则，我们就会变成一潭"死水"，被别人取代。

第4章

狼心可鉴：忧患常存，总能转危为安

人人都期待和平、富足的生活，然而事实上，竞争无处不在。有的人一遭挫败就走不出困境的阴影，而有的人却能在困境中绝地反击。这就是忧患意识。常存忧患意识的人，不仅能赢一次，而且能次次赢、处处占上风。即便遇到什么不容易搞定的麻烦，他也能转危为安，顺利度过！

以积极的心态面对困境

面对困境时，及时转变观念，以积极心态面对问题，就能从恐慌、痛苦中摆脱出来，在绝境中反击。否则，走不出困境的阴影，只会在困境中越陷越深，进入一条死胡同。在狼群里有一匹弱小的狼，由于战斗力太弱，经常会被别的狼抢走食物。但是，这匹小狼从未自暴自弃过，它总是乐观地、坚决地与比它健壮的狼斗争。日复一日，年复一年，终于有一天，这匹曾经弱小的狼变得强悍无比，别的狼再也抢不走它的食物。因为在最艰苦的环境里，它每天面对的都是强大的挑战，不屈服的精神早已让它练就了一身本领。

人人都期待和平，然而竞争却无处不在。狼的世界弱肉强食，而人的一生坎坎坷坷也在所难免。只不过有的人走不出困境的阴影，只能在逆境中沉沦；而有的人却能够像上面的小狼一样，在困境中绝地反击。同样是“悲剧”的序幕，为何会有不同的结局？正所谓物极必反、乐极生悲，逆境的意义不仅仅只是让人困苦不堪，而且往往也能让人不断成长、浴火重生，关键只是面对困境的心态不同而已。就如老子所言：“祸兮福之所倚，福兮祸之所伏。”“福”与“祸”本无区别，要是采取积极的心态，那么这便是“福”。否则，那便是“祸”。这又和佛家所说的因果报应是一个道理，种什么样的“因”就会得什么样的“果”。那么，在困境面前，我们采取积极的心态就是“种善因”，当然能够在困境中求生就是“得善果”。反之，我们在困境中只有消极的心态，那么种的便是“恶因”，当然也就只能自食“恶果”。那么，如何在困境中浴火重生，关键就得看你自己了。

沈伟和李靖分别是 B 公司销售一部和二部的两个主管。最近，为了竞争销售经理，二人忙得天昏地暗，都想在这三个月内将自己的业绩快速提上来，以便自己晋升销售经理。但最近公司有一张价值上千万元的保健品单子，却没人敢接。为什么呢？因为这张单子所面向的区域是该公司从未涉及的偏远山区。所以，与其说这是一张令人眼红的大单子，倒不如说是一张可望而不可即的“死单子”。沈伟的家境较好，父母都是本市的政府工作人员，据说与公司上层的某位领导还沾点儿关系。当初沈伟进这家公司的时候，基本上也就是打声招呼就进来了。但是李靖不同，他没有任何的背景，为了进这家公司费了九牛二虎之力。虽然他很珍惜眼前的一切，但是上天就好像喜欢捉弄人一样，这张“死单子”偏偏落到了李靖的头上。明眼人一看就知道是沈伟的后台在捣鬼，但是话到了沈伟的嘴里却变成了“李靖的工作能力强，在这时候，除了李靖谁也没这个能力担起这个重任”。李靖心里也很清楚，但是也没办法。到了山区之后，李靖就傻了眼，到处是青山绿水，可就没见多少人。看来，这次经理是非沈伟莫属了。“这沈伟也太狠了，简直是置我于死地！”李靖一想到这些就来气。他凭着一股不服输的蛮劲，愣是一头扎进大山跑了半个多月。终于，皇天不负有心人，让他找到了一家看上去还挺有档次的养老院。等了解情况之后，却把李靖吓了一跳，暗自忖道：“我的神啊！这哪是养老院啊？这里供的可全都是老佛爷！”原来，住在这里的人不是退休的老干部，就是以前商场上叱咤风云的大人物。李靖灵机一动，就跑去送保健品。由于都是“老佛爷”的原因，这件事很快引起了轰动，甚至连政府都惊动了。该产品立马变得人人皆知，在该地区引发了抢购的热潮。

这本来是“山重水复疑无路”，现在却变成了“柳暗花明又一村”，李靖的良好业绩创造了公司的个人神话。李靖凯旋之后，众望所归，登上了销售经理的宝座。所以说，一个有大志向的人，就千万不要害怕困境。在困境面前采取积极的心态，把身处困境当成一种历练，那么往往就能绝地反击、浴火重生。但要是内心消极，沉湎于困境的话，那么就会被困境这座大山压得喘不过气来。孙悟空不是在五行山下压了500年吗？但是，他从未屈服过，在秋天里和牧童一起吃水果，在冬天里独自饮雪水，等待大唐圣僧的到来。

鲁迅先生教导过我们：“真正的勇士，敢于直面惨淡的人生。”所以，切不可对逆境有所畏惧。这是因为，无论眼前有什么样的困难，我们自身的价值不会变。尽管我们会被困难折磨得又脏又臭，但是换了一身衣服，我们就还是一条好汉。困境只能折磨我们的躯体，只要能够积极地面对，它绝对侵蚀不了我们的灵魂。明白了这些道理，在今后所遇到的挫折里，我们都要能够坦然地面对，千万不能被不利的环境所束缚。

主动争取，占据优势

身在职场，我们就不能处处被动，只做被安排好的事情，反而更要像一匹狼在丛林中主动寻找猎物一样，未雨绸缪，积极地主动出击，去完成与工作相关或下一步该做的事情，这样才能夺得先机，在职场中占领优势。狼总是会出现在丛林的每一个角落，主动地搜寻着猎物的踪迹。这是因为，狼明白，猎物不会自己走进它的嘴里，狮子、豹子更会来抢夺猎物充饥。所以，狼从不守株待兔，向来都是主动出击。也许有人说，这狼太过贪婪，不知满足。其实，它这么做，只不过是未雨绸缪，不让自己挨饿而已。

在我们的身边，除了一部分有狼这样特征的“狼人”外，剩下的便是“非狼人”。这种“狼人”就是知道主动出击的人，他们会积极自发地完成该做的事情，不仅做得快而且还做得好；而“非狼人”则是处处被动的人，别人安排就做，没人安排就不做，往往都是事到临头才匆忙应付，不仅速度慢而且质量差。打个比方，“狼人”会在夏天买好过冬的衣服，冬天又会买好明年夏天的衣服，所以到了季节更换的时候，他就会拿出不同的衣服来穿，而且在淡季购物，还能省下一笔钱；而“非狼人”却正好相反，他们不到热得受不了时不会买 T 恤衫，不到冷得扛不住时不会买棉袄，结果在旺季购物，还不得不多花一笔钱出去。两个人做同一件事情，由于主动和被动的不同，就得到了截然不同的结果。而在职场上，也就是这种主动和被动的区别，便造成了能力上的差异，主动性强的人可以不断升职加薪，而被动的人只能原地打转、收入甚微。所以，要想在职场中占领优势，我们就不能处处被动，相反更需要像一匹狼一样积极地主动出击。

小张和小李同是一家公司的员工，二人都能吃苦耐劳，工作也都发奋努力，只不过小张活泼一点、小李木讷一点而已。然而，不久之后，小张得到老板的重用，被提拔为部门的副主管，而小李却仍然默默无闻，在公司的最底层奋斗。有人替小李感到可惜，其实他为此也常感到愤愤不平。但是，他转念一想，“人在屋檐下，不得不低头”，也就忍下去了。后来，有一次，由于小李的一时疏忽，引起了客户的不满，虽然没有对公司造成什么损失，但是经理还是批评了他一顿。本来，小李对经理的“有眼无珠”就心存不满，这次事件更是火上浇油。小李一怒之下，便把心中的不满都说了出来，而且越说火越大，竟然质问经理为什么提升别人而不提升自己？经理被小李说得一愣一愣的，半晌之后，苦笑道：“小李啊，我知道你努力，但你知道你和小张的区别在哪里吗？”小李涨红着脸，摇了摇头。经理又道：“你先到市场上，看看有没有甲鱼卖，回来我告诉你。”虽然不知道甲鱼和这件事有什么关系，小李还是跑了出去。15 分钟过后，小李回来了，刚想说什么，但是经理却先问道：“甲鱼多少钱一斤？”小李一愣，忘了问了，刚准备转身，却被经理叫住，说道：“你把小张叫进来。”小张进来后，经理提出了同样的问题。一会儿过后，小张回来了。还没等经理问，小张便把甲鱼的大小、价格说得一清二楚，而且还把卖甲鱼老板的电话号码要了回来，如需要只要打一个电话，货马上就能送来。留下了电话号码，经理便让小张出去了，这时才对小李说："明白了吧？虽然你也很努力，但是缺少了主动性，不知道什么是自己该做的，向来只是交给你什么就做什么，完全是被动地工作。这就是为什么提升小张而没有提升你的原因了。"小李涨红了脸，站在一旁默不作声。

从这个故事里，我们看到多一点主动性，就可以让你的工作更有效率。那么，你也就越容易得到领导的赏识，你的前途才会更加光明。每一个老板都希望员工为自己创造更高的效益，每一个领导都希望自己的属下是强将手下无弱兵。我们在做每一件事情的时候，都要想一想：我的工作是否真的到此完成了？如果还有与工作相关的事情，甚至就是你下一步就要做的事情，就千万不要等到别人催你。因为你要明白，你所放弃的不仅是工作效率，而且更是在领导面前表现才华的机会。所以，你就得立马行动起来，积极主动地去完成你该做的事情。职场就像是一条跑道，而我们都是赛跑者。《兵法百言》中说："有目前为机，转盼即非机者；有乘之则为机，失之即无机者。"在这样竞争的环境里，如果我们能够主动出击，便能在你追我赶的道路上取得先机。那么，我们就能比别人跑得快，胜利的终点离我们就会越来越近。

走一步看三步，常存忧患意识

无论何时何地，我们都要保持忧患意识，时刻警惕可能出现的危机。这样我们便能做好准备，防患于未然。否则，当灾难突然降临时，我们就会被打得溃不成军、措手不及。

在一个叫恶狼谷的地方，生活着一群老弱病残的狼。这里的狼都有一个共同的特点，那就是：无论谁抓到猎物都只会吃一半，而将剩下的一半埋在土里，等找不到食物的时候再拿出来。因此，尽管条件艰苦，但它们却没有被饿死。在恶狼谷里，狼所体现的是一种忧患意识。所谓忧患意识，就是指在安逸时，考虑可能出现的危机和困难，从而做好准备，防患于未然。《左传》里记载："居安思危，思则必备，有备无患。"说的就是这个道理。因为在充满危机的环境里，人总是会绷紧神经，处处警惕；而在一帆风顺的环境下，人总会放松压力，容易懈怠，当灾难降临时，就会被打得措手不及。

曾有一只小鸟，经过了长途跋涉才甩开捕食者，最后停在一棵枣树上。当它看到一颗颗鲜艳欲滴的红枣后，一边欢快地向红枣飞了过去，一边扯着嗓门唱着歌曲。而它却未曾注意，一杆猎枪正在瞄准它。就在小鸟得意的时候，一声枪响，将它从天堂送进了地狱。所以说，无论何时何地，我们都要保持忧患意识，时刻警惕着可能出现的危机。否则，我们放松一步，危机就向我们靠近一步。

陈林来自 B 市的一个双职工家庭，从小衣食无忧，性格上也有点懒散。自毕业以后，通过父母的关系，基本上没花什么力气，他便在 B 市谋得一份销售的差事。正式上岗后，陈林便开始了理想中的小资生活，每月的基本工资就是4000元，再加上销售提成，足够他一个人花天酒地。因此，他对自己现在的生活很满足，甚至没想过要升职加薪。所以，当别的同事都在为了一张单子争得面红耳赤的时候，他总是一笑而过。别的同事也常拿他开玩笑，说他是“常乐先生”。可是，最近发生的一些事情让这位“常乐先生”乐不起来了，因为公司里的一张“死单”到了他的手里。所谓“死单”，就是十有八九谈不成的单子。而后他接的单子不是“死单”，就是“半死不活”的小单。这么一来，“常乐先生”就一下子变得闷闷不乐了。一天晚上，当陈林拖着疲惫的身体准备回家的时候，正好碰到了公司的一名老员工——丽姐。丽姐看到他愁眉苦脸的样子，环顾四周无人，便对他说：“还愁呢?”陈林有气无力地答了一句：“可不是吗?”丽姐笑道：“要是你请我吃饭的话，说不定我能帮你解决问题。”陈林顿时眼睛一亮，小嘴立马甜得跟蜜似的，把丽姐请到一家好饭店去。酒足饭饱之后，丽姐问道：“你知道别人为什么都在抢单子吗?”陈林茫然说道：“为了提高业绩，升职加薪呗。”丽姐点头，又接着说：“不仅如此。你要知道，公司里‘死单’和小单的存在是在所难免的。而人人都在抢单子，也就是避免自己在完成任务之后无所事事，担心‘死单’和小单会落到自己的头上。人无远虑，必有近忧。像你这样每天不懂得居安思危，背黑锅的肯定就是你了！”陈林听了丽姐说的话，张大了嘴巴，愣是一句话也说不出。

从这个故事里面，我们可以看到，没有危机感而安于现状，很容易让人盲目乐观、自我陶醉，最终导致不思进取，葬送了大好的前程。所以，我们在任何环境下，在我们所从事的工作面前，都要看看有没有“万一”的情况。只要有万分之一的危机，那么你就得做好一万分的准备，千万别事到临头才抱佛脚，相信那时佛也保佑不了你。当然了，如果有的人真是天生的命好，万事都能逢凶化吉，自然不在这个范围之内。但关键是，谁会有这样的命呢？有信心是好的，但在这件事情面前，可别那么自信。“外面的世界很精彩，但是也很无奈。”表面上一片祥和，但其实是暗流汹涌，处处危机。因此，只有树立忧患意识，才能让我们深谋远虑，正确地认识自身所处的位置；只有树立忧患意识，才能让我们居安思危，始终保持奋发图强的精神。于是，我们才能不断地开拓事业的新境界。

强者心态辅助成功

“王侯将相宁有种乎？”一个人不会生来就是强者，任何人都可能成为强者，选择权属于自己。是不是强者，不在于自己比别人有多大的优势，而在于自己是否有强者心态。强者心态是一种面对困难时的坚强，是一种面对困境时的临危不乱，更是一种不达目的誓不罢休的坚韧。

在现实生活中，许多人更喜欢把自己摆在弱者的位置，以期得到他人的同情和怜悯，并获得他人的帮助。但他们却从不愿意将自己当成强者，勇敢地承担起应当由自己承担的困难或挫折。获得他人的帮助，自己确实会少花费些气力，可是自己却停滞不前，难以承担大任，永远成不了主宰的强者。而在当下这个竞争激烈丝毫不逊于战场的社会，不会有人永远不停地帮自己，只有靠自己才最安全。依靠别人，若是有一天别人倒了，自己也将从这个战场消失。成为强者是必要的，而要成为强者首先就要有强者的心态。狼并不是上帝所宠爱的动物，上帝没有赋予它猎豹的速度、狮子的气势、犀牛的体魄。与它们相比，狼的确不是强者。狼与人类最忠实的伙伴——狗是近亲，它们之间有很多相似之处。但狗早已经丧失了独立生存的能力，如果没有人类的保护与饲养，恐怕狗早已从地球上消失了。

即便如此，狼却从来不以弱者自居。就是因为这种心态，决定了它们的行动。它们从来都是以强者自居，无论面对什么样的敌人，这种强者心态都不会改变。面对弱小的羊群，自不待言。即使面对比自己强大的动物甚至人类，它们也丝毫不会示弱，决不会不战自败、不战而退。可以说，是否有强者的心态直接决定了成功与否。

高军如今已经是一位名副其实的年轻企业家，不到30岁的年纪就有了自己的公司，拥有一批自己的员工。显然，他是成功的。可是，就在五年前，他还什么都不是。大家还曾嘲笑过他想当企业家的梦想。谁也没料到，当年倔强的他，如今却梦想成真了。五年前的高军除了两年的工作经验之外，一无所有。可是，他想趁着年轻，干出一番事业。他不愿意受他人的压迫，做着不知什么时候才有出头之日的工作。总之，他渴望做自己的主宰。对于没有资金、没有靠山、没有后门的高军来说，想要成功谈何容易。可是，在大家的一致打击之下，高军没有退缩，反而更加坚定了自己的梦想，因为他相信自己会成功。创业初期，他的确遇上了很大的问题，没有资金，想向银行贷款却又没有抵押和担保，一时真的干不下去了。大家都劝他算了吧，不要浪费精力，不要和现实对抗。但是，高军早就坚定了自己的选择，他也做好了无论多难也要坚持下去的准备。高军每天东奔西跑，每天坚持不懈地和各个企业家打交道。他想，银行的制度不可改变，也许可以从私人那边借到款项。一开始，大家都不愿意见高军。但是，高军不放弃，依旧坚持。企业家们当年也都是苦过来的，在不忍心之余，便同意了高军的要求。

资金解决后，高军便忙起公司的注册等一系列问题。不认识政府人员，这给高军带来很大的麻烦。高军一样没有退缩，尽管时间花得比别人长，他还是成功注册了公司。公司是成立了，却因为资金的不足难以运转。在大家还是劝他宣布倒闭的时候，高军什么也不听。请不起员工，他就亲力亲为，所有事情都自己做，整个公司就他一个人在撑着。那些日子都是很苦的，可是高军不曾想过要放弃，他相信自己会成功，而且曾经的很多困难都克服了，这次的困难也一定能解决。

在高军坚忍的毅力之下，两年后，终于让公司开始起步，开始有了自己的员工，一点点还清了贷款，生意也慢慢地好起来。创业五年后的高军已经成功地步入企业家的行列。而当年那些曾经劝阻过高军不要妄想的同事，如今依旧守着那份低薪水的工作。

"强者消灭弱者""强者剥削弱者"是自然界的规则。狼是强者，羊是弱者，所以狼吃掉羊；强壮体大的猴子做首领，而体弱瘦小的猴子不得不屈尊做一个无名小卒。人类属于动物的最高级，但也不可脱离自然界的生存法则，同样存在强者和弱者的分别。何谓强者？真正的强者，其实是拥有强者心态的人。所谓强者心态，并不是说以强者自居，对对手或朋友居高临下。强者心态是一种面对困难时的坚强，是一种面对困境时的临危不乱，更是一种不达目的誓不罢休的坚韧。

强者心态的基本出发点——坚忍不拔的雄心。他们永远相信自己一定会成功，无论别人怎样打击都不会怀疑自己成为强者的能力。他们有足够的自信，从不会觉得自己比别人差，只要是别人能够做到的，自己也一定能够做到。强者心态二——创业、挑战和冒险精神。他们觉得自己会成功，他们不畏惧冒险，他们更愿意把冒险当成一种机会，任何成功都不是来得那么容易，他们愿意去挑战自己，去承担可能带来的风险。强者心态三——自己解决，而不是埋怨。他们遇上问题的第一反应不是抱怨，而是怎样去解决。抱怨解决不了任何问题，只会让问题更加糟糕。强者心态四——只怪自己不怨人，不找理由。如果他们做错事，绝对不会怨别人，不会找给自己开脱的理由。他们只会从自身发现问题然后改变它，他们希望自己能变得更好。强者心态五——只向更强者挑战，只向将来和前面发展考虑。他们看到的永远是比自己强的人，而不是和自己弱的人相比。因为只有向强者看齐，自己才能变强；与弱者相比，只会让自己安于现状。强者心态六——发现和创造机会。他们总是善于去发现和创造机会，而不是等机会来找上自己。因为他们明白，机会是从来不会等人的，想要成功的人太多了。要成为强者，就一定要有强者心态，强者心态能辅助我们逐步走向成功。

蔑视危机，啸傲丛林

有生存的地方就有危机，想要生存就不得不去发现并解决它。危机的大小不取决于它本身，而是取决于你看待它的眼睛，它可以是无限大，也同样可以是无限小。“物竞天择，适者生存”是自然界的法则。在原始丛林里，每时每刻都上演着一幕幕弱肉强食的战斗。在狼生活的领地里，到处都暗含着杀机。而面对危机，狼始终保持着高度的警惕。生存是狼要面对的第一任务，就像人在职场中必须学会生存一样。也许你不会相信，狼捕猎的成功率只有 7% ~10%，也就是说最高才达到 10%。你一定十分诧异，狼为什么还能成为所有动物中最强者之一？原因就在于：在困境中，狼选择奋起。狼之所以比狗聪明，比丛林里其他许多动物都聪明，就是因为它们时时刻刻都要为生存而拼搏。狼的信念里有一条是：能变通才能生存。而就是这样的信念让狼成为自然界的强者。

像自然界中的狼一样，每一位站在事业顶峰的人都会保持一种高度的危机意识。微软总裁比尔·盖茨讲，微软离破产只有 180 天。海尔总裁张瑞敏讲，“战战兢兢，如履薄冰”。这一切都不是危言耸听，因为只有真正看到企业风险的人才能生存下来。如果连自己面对的风险都意识不到，那么企业死亡就是迟早的事情了。在危机四伏的社会环境中，我们为生存而战，随时都会遇上这样或那样的危机：打工者有随时失业的危机，老板有公司倒闭的危机。而我们只有在战略上蔑视危机、在战术上重视危机，才能使自己更好地生存下去。若我们遇上问题总是缩手缩脚，把困难放大到无限大，不敢面对，那么等着我们的就只会是“死亡”。

2008 年的金融危机席卷了整个世界，很多企业纷纷倒闭，大家都人心惶惶，不可终日。鲁阳作为一家主营外贸的公司老板，自然面对的困难比一般企业更大。但是，鲁阳还是很幸运的。看着当初和自己一起成立公司的同学们都纷纷宣布破产，自己的公司总算还没有走到尽头。他很庆幸自己一年前的决定。一年前，就有人预测了如今金融风暴的发生。当时，很多企业家都不以为然，包括自己的那些同学们。鲁阳虽说也看不透未来，可是既然有人说了，而多年前也曾发生过金融风暴，那么这样的危机就有发生的可能。一旦真的发生，自己的生意就会受到严重的影响。鲁阳想，不管事情会不会真的发生，做好预防总不会错。于是，他就做了决定，在保持外贸的同时再拓展内贸。谁也没想到，一年前大家都不曾在意的“预言”真的变成现实，来不及反应的公司纷纷倒闭了。鲁阳的那些同学们还没享受几年的甜头，也一起提前宣布破产。他们看不清这次危机到底要延续多久，会有多大的影响，提前结束总比回头亏光了要好。尽管鲁阳做了准备，可是他没有料到，这次危机比他想象中来得凶猛。事实上，公司还是受到了一定程度的冲击。大家都劝鲁阳还是把公司关闭算了，以免亏损更大。但他依旧坚持撑下去，他相信再大的困难也总会有它解决的办法。虽然这次危机看上去十分凶猛，可是也不一定像大家想象中那般恐怖，就好似它也不是自己想象的那般简单一样。鲁阳一直苦撑着没有倒闭，即使亏损，他也一样在坚持。有人说过：“今天是困难的，明天更困难，后天会很美好，可是绝大多数人死在明天到后天的晚上，看不见后天的太阳。”鲁阳想，别人的企业都倒闭了，要是经济好转了，那么自己就在无形中少了很多的竞争对手，何尝不是一个难得的机会？于是，鲁阳再难也坚持着，同时也不断地研究新产品，通过提高产品质量来维持订单量，尽量将亏损降到最低。2008 年，鲁阳撑得很苦。可他的辛苦没有白费，2009 年的形势慢慢开始好转，因为少了不少的竞争对手，鲁阳的生意一下红火起来。在同学们都开始为未来烦恼的时候，鲁阳已经开始有所成就。

危机并不可怕，可怕的是我们没有预料到它的到来；没有预料到它的到来也不是那么可怕，可怕的是我们将危机想得太大，吓坏了自己，提前放弃了生存的机会。丛林的生存法则就是：优胜劣汰。狼懂得这种生存的危机，所以时时警惕。它们不会小看危机，却也不把危机放在眼里。即便是很低的猎捕成功率，它们也不会放弃，因为放弃了就根本没有成功率可言。在职场中，我们面对和狼一样的“优胜劣汰”生存法则。危机随时会来，所以我们必须时刻都有一颗迎接危机的挑战之心。而当危机真的来了，我们首先要做的就是坦然接受危机。一言以蔽之，你必须接受和适应那些突如其来的危机。危机本身并不能使每个人快乐或不快乐，每个人对危机的反应才会最终决定他的成功或不成功。很多时候，我们要像狼一样，坦然地接受危机，大无畏地继续自己的生存之道。每一个危机的来临都伴随着机会的到来，在我们看见危机的时候，更应该去努力发现它暗含的机会。不惧怕危机和困难，相信自己可以解决问题，而机会也就在前方等着自己。时刻都相信自己是强者，可以像狼一样啸傲丛林。只要蔑视危机，就不会那么可怕。

有生存就有危机，有危机才有机会，有机会才有可能成功或者取得更大的成就，那么我们就不该畏惧危机，而是勇敢地面对，将困难看小一点，将自己看大一点。

在困境中选择奋起

兵败的项羽选择乌江自刎，亡国的勾践选择卧薪尝胆。于是，一个落得遗恨江东，一个却再起霸业。人的一生面临许多选择，有的无关紧要，有的却能改变命运。困境中只有扬起斗志，方能开创人生新的境界。再精明的狼也可能会掉落陷阱，是坐以待毙，等着变成狼皮大衣，还是不断尝试，寻找逃脱的办法？无疑，狼肯定会做后一种选择。那么，你呢？灾难可能毫无预警地降临，困难不会先和你打个招呼再来拜访。当陷入困境时，很多人往往在措手不及中放弃挣扎。但还有一些人，在困境中仍自强不息，利用困境的磨炼，最终创造了自己人生中的辉煌。

刘阳毕业于清华大学，现在已经是一名金领人士。可谁知道，在20年前，当他还是一个中学生时，他曾经差点放弃学业，踏上外出打工的道路。20年前，刘阳的幸福生活在父亲去世后就彻底结束了。母亲是一个没有多少文化的农村妇女，靠蹬三轮车养活一家四口。刘阳和弟弟妹妹很想分担母亲的重负，但由于年纪太小，收效甚微。刘阳的成绩一直很好，在那个县一级达标中学中一直是名列前茅，父母很为他骄傲。他也有自己的梦想，将来要考进一流的大学进行深造。然而，父亲的去世使一家陷入了前所未有的困境。母亲的微薄收入仅仅能够维持一家人的生活，要负担兄妹三人的学习费用实在困难。这时的刘阳已经是初三的学生了，他无数次想要放弃求学，但母亲决不允许。于是，刘阳开始自暴自弃，逃学、打架。老师和同学都为他的转变感到万分惊讶，也百思不得其解。只有母亲明白，刘阳是想通过这样的方式让自己答应他辍学。于是，母亲和刘阳进行了一次长谈。她告诉刘阳，人生面临许多抉择。有时候，一旦选择了，就再也没有后悔的机会了。在困境中的抉择对一个人来说尤为重要，只有坚强地面对困境，才能真正从困境中走出。

刘阳听从了母亲的教导，更加努力学习了。他向学校反映了自己的情况，获准减免学杂费。他利用课余时间打工，努力赚取学习所需的其他花销。他的努力激励了很多人，他的自强不息更是感动了很多人。于是，在他考上高中后，有位爱心人士主动负担了他所有的学杂费，并每月援助他200元的生活费。然而，好景不长，在刘阳考上梦寐以求的清华大学的时候，这位爱心人士生意遭困，没有能力再援助他了。当刘阳踏上开往北京的列车时，身上仅有东拼西凑而来的6000元学费，没带一分钱的生活费。开学的第一周，刘阳每天在其他同学都吃完饭后才到食堂，因为桌上有许多的剩饭剩菜。一周后，学校给了刘阳勤工俭学的机会，每天早上送牛奶，一个月可以有200元的收入。于是，刘阳开始能每天吃上馒头了。为了生存，刘阳每天早上4点多就要起床，无论是酷暑还是严寒。再后来，刘阳甚至身兼数职。刘阳就是靠着打工挣来的钱完成了大学四年的学业，并考上了研究生。在这期间，无论生活多么困苦，刘阳都没有再产生放弃求学的念头。

在困境中，刘阳选择了发愤图强，并最终获得了回报。试想，如果他当时放弃了努力，也许他现在正四处漂泊，艰苦谋生。

很多陷入困境的人往往只看到了山重水复，感觉自己找不到出路了，于是自暴自弃。其实，当上帝关掉了你眼前的那道门时，他是不会忘了为你再开扇窗的。如果你眼里只看到那道关上的门，那么窗外的柳暗花明只能让别人享有了。调整心态，对深陷困境的人尤为重要，不要慌乱，放下绝望，坚定信念。人的一生是一帆风顺还是屡遭挫折，并不是我们所能选择的。但在困境中，我们却能选择是奋起还是沉沦。轻言放弃的人看不到雨后的彩虹，拥有屡败屡战的斗志才能开创人生美好的未来。

狼的生命哲学是战斗

战斗是一种精神，也是一种生命哲学。学习如逆水行舟，不进则退。在职场上，战斗更是成功的原动力。若是想在商场上闯出一片天地，就必须争分夺秒地工作，让战斗这一成功理念扎根在心里。《列子》中记载，子贡倦于学，告仲尼曰："愿有所息。"仲尼曰："生无所息!"也就是说，生命本就是一个永无止息的过程。自《左传·宣公四年》提出"野心"这个词之后，后人便习惯以此形容反派人物。只是，这个词虽为贬义"始祖"，却未尝不能用于一个另类的解释。

我们都知道，狼是天生的野心家，它们的血液里奔腾的是睥睨天下的霸气和豪情，是永不服输的战斗精神。在弱肉强食的世界里，它们因为战斗而强大，因为强大而不懈地战斗！所谓野心，不过是生物体该有的一种生命态度，为生命而战、为生活而战！正是因为有这样的"狼子野心"，我们的生存环境才会有进步的空间。狼的生命哲学是战斗，只有战斗才能让它们捕获食物、战胜强敌，在大自然中顽强地存活下来。

动物世界是如此，人类世界就更是如此。在竞争日趋激烈的现代社会，商场上的战斗甚至会比战场上更残酷，稍有不慎，便有可能面临破产倒闭的悲惨局面。龟兔赛跑永远只能存在于童话故事里，现实中的兔子永远是领先的。所以，不要妄想乌龟能跑到兔子前面。而有力的战斗需要敢于挑战的勇气和永不言败的精神，否则，不用多久就会被踢出竞争圈，当永远的弱者。相信很多人都听说过杨轲。作为狼道集团的首席策划师，他带领狼道集团征战广告界多年，为许多客户赢得营销战争的胜利。而狼道团队的所有员工信奉的生命哲学便是狼的战斗精神。他们以狼一般的战斗精神为客户提供服务，在商场纵横多年，越是强大的对手，他们越是乐意挑战。这也是他们一直以来在广告界经久不衰的最大原因。因为战斗，他们不断完善自己，从战略上、方法上、思想上。每经过一次斗争，他们便强大一分！他们在北京成立分公司，牵头成立广州策划协会……时至今日，他们依旧没忘记战斗。人生在世，难免遇到挫折。但每逢这个时候，总是不乏打退堂鼓的人。而真正的战斗者绝不会做这样的事，他们只会越战越勇，凭着自己永不退缩的精神走出困境。有两只青蛙同时掉进泥沼地里，一只垂头丧气，认为自己肯定没有存活的希望，便自己放弃了；另一只则不断地跳跃，那一只青蛙劝它别跳了，它还是不放弃，结果它竟然成功了，真的跳出了泥沼地。所以说，不到最后一刻，永远不要停止战斗。生命正是因为这永无停歇的战斗，才变得愈加精彩。

我们要向狼学习，若是遇到一点挫折就停止战斗，只会令自己陷于更加被动的地步。商场上的竞争不会因为任何团体的退出而停止，唯有战斗才能为企业获得成功的机会。所以，真正意义上的战斗者需要适时地抓住每一个可能令自己强大的机会。现代人总是没日没夜地工作再工作，不是他们机械，而是在商品经济高度发达的现代社会，真的是一寸光阴一寸金。科技不断创新，专利不断创新，产品不断创新。我们一觉睡醒，这个世界已经不知有多少变化了。而我们能做的，就是奋起直追，发扬永不停息的战斗精神，追上这变化的速度，追上日新月异的市场，然后审时度势，以更优秀的创意来赢得市场、赢得利益。富兰克林曾说，不浪费时间，每时每刻都做些有用的事，戒掉一切不必要的行为，才有成功的机会。我们要想在职场上谋得一席之地，就必须拥有狼一样的战斗精神，利用每一分每一秒来强大自己。不管是什么行业，唯有永不退缩地战斗，才能令我们屡战屡胜。

第5章

狼性坚忍：逆境生存，活着要有张力

狼这种生物已经在地球上生存了几百万年。要知道，在漫长的狼类生存史上，曾遭遇过数不清的灭顶之灾。但它们仍然顽强地存活着，活跃在草原、热带雨林、沙漠甚至是北极。它们靠的就是坚忍之道。每个人都会遭遇挫折，这并不值得大惊小怪。但是，面对这些挫折，你能做到像狼一样坚忍吗？

在废墟中崛起的精神

一匹遍体鳞伤、奄奄一息的狼，是怎样在大雪封山的严冬生存下来并成为领头狼的？是“废墟中崛起的精神”！在攀爬艰难的人生旅程中，摔倒了，从头再来。真正意义上的强者就是要置之死地而后生。在茫茫大雪覆盖的森林里，三个荷枪实弹的猎人在追杀一匹长毛狼。如果能将这匹狼捉住，猎人就能在这个大雪封山的冬天里获得一笔不错的收入。当三位猎人将狼逼上峭壁之后，三位猎人都端起了猎枪，他们对站在峭壁上孤立无援的长毛狼志在必得。僵持良久之后，长毛狼向天长啸一声，纵身跃下了峭壁。三位猎人被眼前的这一幕震惊了，他们急忙上前查看，在那深不见底的悬崖下，哪还有长毛狼的踪影……半年之后，一个大雪初融的夜晚，当以前曾追杀长毛狼的猎人正准备吃晚饭时，忽然听到远处传来一阵狼嚎。猎人的警觉性令他们意识到情况不对。于是，村里的猎人都携带武器走出了村口，只见对面山上黑压压的一片活物向村庄走来，距离越来越近，原来那是狼群！而当时追杀长毛狼的三位猎人面色苍白——领头的竟然是半年前跳下悬崖的那只狼……现在，让时光倒流回到半年前那个大雪覆盖森林的冬日，长毛狼跳下悬崖之后，它并没有死。但它被强烈的撞击和峭壁上的枯枝弄得奄奄一息。醒来后，它拖着自己满是伤口和血迹的身体找到了一个山洞，靠一些腐烂的食物和少许融雪生存了下来。等养好伤，它走出山洞之后，加入了一个新的狼群。后来，长毛狼打败了狼群中骁勇善战的头狼，成为这个狼群的领袖……在肉食动物中，狼的各种特征都不具备明显的优势。但是，狼却是所有兽类中最具有“置之死地而后生”个性的一种动物。从故事中走投无路的长毛狼毅然从悬崖边跳下到成为狼群领袖的艰难过程，读者朋友们就能明白，这种从废墟中崛起、置之死地而后生的精神正是向往成功与奇迹发生的人们所必须具备的非凡特质。

人的一生很有可能会面临九死一生的状况，失败在所难免。但是一旦失败了，你将怎样面对你未来的人生？是奋起直追，发誓东山再起，还是破罐子破摔，就此沉沦下去？这就像莎翁的戏剧《哈姆雷特》中的那句著名台词一样：“活着还是死去，这是一个问题……”在失败中沉沦，这也许会是大多数人无奈的选择。他们会在自己的老年时代回忆往事时说：“当年就是那一场战役将我打得爬不起来……”但是，不想一世平庸的人们即使受到了毁灭性的打击，同样会在四面楚歌中憧憬未来，储存力量，准备再战。

曾经有一位企业老板，几年前还坐拥几亿身家。但是，就在他 50 岁的时候，他的公司倒闭了。人常说，50 岁的人尽量不要犯错误，因为在 50 岁时失败，那就已经没有改错与重来的时间了。但是，就在人们以为这个倒霉的老头以后都要坐在家里看报喝茶，随随便便打发掉自己的晚年时光的时候，让人大跌眼镜的是，他依然像过去一样，穿着西装打着领带到公司上班，虽然办公室里只有两个员工，一名是负责清扫办公区域的大婶，一位就是他自己。不到两年的时间，这位 52 岁的老板还清了公司倒闭时欠下的债务，他成功地在绝境中走出了一条辉煌之路……

在人类繁荣昌盛以前，狼曾是世界上分布最为广泛的一种野生动物。它们不需要人类的施舍，只希望不被打扰，按照自己的方式去谋求生存。但是，由于现代工业的发展对自然环境的破坏，以及人类的大肆屠杀，造成了狼群数量急剧减少，甚至有些品种面临灭绝。但是，狼依然锲而不舍，不管面临怎样的绝境，它们都没有放弃对生命的希冀，一次次从灾难后的废墟中站立起来。而故事中的长毛狼，就是这样一个典型的例子。狼这种置之死地而后生的精神和行为，令人类都为之震撼。人不管遭遇了怎样的致命性打击，都不能得过且过，蹉跎光阴，要像狼一样活着，不管怎样被打倒，不管被打倒多少次，都要用战栗的双腿站起来，再次踏上自己的新征程。

顺应环境，才能主宰环境

“顺环境者昌，逆环境者亡。”这是亘古不变的一个真理。狼之所以能在变幻莫测的自然环境中生存下来，正是顺应环境的结果。如果人想在高度竞争的经济社会中闯出一片天地，也必须顺应不尽如人意的环境。

曾经有一位著名的动物学家在他的研究专著中写道：“狼群有自己的专有结构和纪律，同时，每个狼群都信奉着相同的信仰，遵守着统一的生活准则。每一匹狼都会为了团队的纪律、信仰、目标和准则，做好随时牺牲的准备。但有的时候，狼群为了适应不同的环境，会快速地改变平时遵循的一些原则。这种顺应环境的能力，充分体现了狼族的生存智慧。要知道，这种智慧是人类不能完全掌握的。”在一般情况下，狼群都是由领头狼及其唯一的配偶来完成生儿育女的重大任务的，种族中其他任何的公狼和母狼都没有传宗接代的权利。这是因为，领头狼是种族中基因最优秀的，而它与母狼中的佼佼者交配所生出来的小狼也将会具备优良的遗传基因。其他的狼没有传宗接代的任务，但都肩负着照顾小狼的使命，因为这些小狼是狼群未来的希望。

但是，一旦自然环境发生变化，或者人类的大量捕杀造成了狼群中狼匹数量的减少，种族中其他的公狼和母狼就接到特令——生！于是，它们就开始努力地交配，以增加狼群中的“狼口”。但当小狼的数量达到“指标”的时候，公狼和母狼的生育权利就又会“收归国有”。而狼群严格控制狼的数量的原因，就是为了保证所有的狼都有充足的食物，避免“饿殍狼”的出现。根据环境的变化而做出合理而及时的改变，是最高智慧的表现。而我们如果想在瞬息万变的社会中谋取一席之地，也就必须学会顺应环境。这就像行船一般，顺应环境的就是行驶在顺流中的船只，去哪里都不会花费太大的力气；而与环境背道而驰的，就好比在逆水中撑船，又费力气又慢。

十几年前，在出租车刚刚开始流行的时候，一位在国企开固定工资的小黑就看准了这个商机，辞职后买了一辆出租车，干起了个体户。当上车老板的小黑一年之内就还清了买出租车欠下的钱，还雇了一位夜班师傅。但是，一场海湾战争把油价推高了，出租车行业开始吃力起来。同时，国家开始对个体出租车进行严格管理，所有的出租车都要收归出租车公司所有。小黑得知这一消息之后，赶紧把出租车卖了。而一些行动晚的兄弟不仅吃苦受累不说，连车的本钱都没有赚回来。

同样，在职场上，顺应公司里的风向也是一件不简单的事。在单位里，娇凌只是一个部门秘书。她每天做些打字、接待的工作，开一份既撑不死也饿不着的工资。由于上司是一个忌才的“顺毛驴”，不喜欢下属对工作有太多的意见和太突出的表现，所以娇凌每天都乖巧温顺地做好客户来访记录、会议记录，大事小事都先请示上司，每天准时下班，并时不时地拍拍上司的马屁。因为娇凌知道，虽然公司的决策人是总经理，但是掌握自己命运的人却是这位迂腐的上司。所以，娇凌掩饰着自己，决不能与上司的意愿相违背。但是，没多久，这位忌才上司就因为没什么工作业绩而被总经理辞退了。而这时，老板下令进行薪资改革，娇凌被调进了全公司最有活力的销售部。于是，娇凌摇身一变，成为积极主动、能言善道的销售人员，每天穿着正式的职业装来上班，开会时积极发表自己的意见，主动联系客户，毫不计较地加班加点……娇凌的智慧与适应能力很快得到了老板的赏识，老板特意提拔她做总经理助理。成为总经理助理之后，娇凌又适时转变自己，既大方优雅，也不失积极主动……

现代社会快速发展，竞争也日趋激烈。如果跟不上环境的变化，很有可能会在瞬间被淘汰。从企业和团队的角度来分析，要想在这样的大环境下立足，既要坚持基本的原则，又要敢于变革、敢于创新，接受先进的团队文化和生产方式，制订与时俱进的发展计划与目标。而对个人来说，想要在职场上成为一个优秀的人，除了保持优良的传统之外，还要敏感地察觉周围环境微小而复杂的变化，并令自己做出与该环境相适应的改变。只有这样，我们才能像狼一样，在“适者生存、优胜劣汰”的竞争环境中生存下来，并逐渐成为职场中的强者。

要有血战到底的精神

不管是动物还是人，都有可能在某一天被逼入绝境，前无救兵、后无退路。这时候，是拼个“你死我活”，还是举手投降？血战到底！这才是强者的选择。弱肉强食是亘古不变的真理。遵守这个规则可获得生存，违背这条规则必然死亡。狼天生就是为实践这一真理而在这个世界上存在的。这是因为，为了生存，不管面对怎样的强敌，抑或怎样艰险的环境，狼都会血战到底，与敌人拼个你死我活。下面的故事，就正好说明了这一点。

当这匹被猎人盯了足足有三周的黑狼出现时，猎人们放出十五只猎狗将黑狼团团围住。毫无疑问，黑狼已经完全没有逃跑的机会了。也就是说，面对这十五只凶悍的猎狗，要么血战到底，拼个鱼死网破，要么就被猎狗活活咬死……黑狼镇静地在雪地上踱着碎步，前进……后退……忽然，一只强壮的猎狗向黑狼飞扑上去。但是，就在猎狗锋利的牙齿咬在黑狼身上时，黑狼前腿腾空，奋起一跃，张开血盆大口一下子就把猎狗的脖子咬断了，滚烫而鲜红的血流喷射在雪地上。而这时，剩余的猎狗“呼啦”一下全部扑向黑狼。黑狼以一敌十四，但它毫无退却之意，眼中绿莹莹的光芒越来越闪耀。十四只猎狗在短时间内全部死在他的利爪和牙齿下，雪地上全部是猎狗的鲜血和尸体……

从这个独狼血战群狗的故事中，我们能感受到从狼身上散发出的澎湃的斗志和强大的力量。战斗是狼群与生俱来的性格，它们通过战斗获得地位，更通过战斗赢取生存的权利。尽管战斗的结局会是九死一生，狼也抱定同归于尽的决心。而在人类的世界中，竞争与对抗同样不可避免。有的时候，人也会像狼一样，被各种的外部事物逼入绝境。那么，身为人类的你会选择举手投降还是血战到底？

文翰是公司董事会主席王国威一手培养起来的行政总裁。国威集团原本是一家面临倒闭的钢铁厂，是文翰令这家企业起死回生，并在二十年内使其成为全国闻名的集团公司。但是，王主席却一天比一天不安起来，因为他看到了文翰的才能与霸气。再这样发展下去，自己那不争气的儿子王国良就失去了在公司的决策权。于是，王主席将儿子从英国叫了回来，并带着他与各位董事吃饭，准备与各位董事联手将儿子推上下一届的董事会主席之位。文翰得到这个消息之后，他知道，一旦被王国良这个纨绔子弟当上了“一把手”，不仅公司会被这个败家子搞垮，同时，自己的前途也会葬送在这个扶不起的“刘阿斗”手里。临时抱佛脚已经没有用了，因为现在王主席已经与各位董事私下达成了协议，而且董事会就要在明天召了……在第二天十点钟召开的会议上，王主席正式宣布退休，并推举儿子王国良任新一届的集团主席。就在董事们纷纷表示同意的时候，文翰站起来说：“既然王主席正式退休，我也辞去行政总裁的职务，与王主席共同进退。”听到这句话，各大股东们都慌了神，因为他们比谁都清楚，国威集团能有今天都是文翰的功劳。如果他辞职了，那后果将不堪设想。于是，董事们立即改变了原本同意王国良任新一届主席的决定……

文翰在生死攸关的时刻，他选择了一种血战到底、鱼死网破的方式来争取自己在公司内的生存。如果是一位斗志稍微薄弱的CEO，想必会避开这种权力与利益的斗争，选择屈服。但是，文翰心中高昂的斗志令他在这一场凶险的战役中胜出。社会也是一个大战场。如果有人软弱犹豫，那么必然在大时代的汹涌浪潮中溺死。人应该像狼一样，就算战局艰险，生存无望，也要用尽全力一搏。人生苦短，“此时不搏何时搏”。不要在你被别人踩在脚下的时候，才后悔自己当初在职场上做了逃兵或俘虏。面对凶悍的敌人，不能谦让、不能逃避，拼尽全力与他们血战到底——这才是强者精神，亦是强者志向。人应该做强者，不认输，不屈服，在殊死搏斗中求生存。

不服输，化逆境为转机

曾有人说，上天最喜欢看人摔倒。所以，人就会在短暂的人生路上遇到上天安排的各种各样的障碍。但人是不会认输的，就像荒野中执着而倔强的狼。人总会想方设法将那一道道坎坷变成宽阔的坦途……在狼的字典里，没有"认输"二字。一匹幼狼刚刚开始跟随母狼捕食弱小的动物，可惜，刚刚学会奔跑的幼狼的捕杀能力与奔跑速度只能够抓到一两只野鸡，而几只野鸡对于狼来说是远远不够的。但是，幼狼并没有就此服输，它强忍着饥饿，在千百次的练习、实践中变得更加机敏、更加凶猛。终于有一天，这只幼狼在无数次的失败捕猎中获得了健壮的后腿和极其锋利的牙齿。别说是野鸡，就是羚羊、麋鹿也都在它的利爪下丧命……狼是"永不服输"信条的最卓越的实践者。

但是，当人遇到失败和挫折的时候，有的借酒浇愁，有的不停抱怨，有的则立即放弃……从某种角度来说，这都是认输的表现。但如果这些人能深入思考，把暂时的失败当作发现真理走向成功的必经之路，就不会轻易地认输了。其实，在每一次的失误与失败中，都埋藏着一颗叫做经验教训的种子。被失败戳伤与刺痛的人只要发现了这颗种子并将它种植在心中，成功迟早有一天会来临。有一个人曾经问一个参加冬奥会溜冰选拔赛的孩子："你当初是怎么学会溜冰的呢？"孩子毫不犹豫地回答道："跌倒了爬起来，再摔倒再爬起来……慢慢地，就不会摔倒，也就学会溜冰了……”“跌倒了爬起来，再摔倒再爬起来……”如果这个孩子的意志薄弱，在无数次摔倒之后就从此认输，再也不学滑冰，那么他非但学不会滑冰，更别说参加冬奥会的选拔了。

而我们众所周知的大发明家爱迪生，他在发明电灯时试验了成千上万种用来做灯丝的材料，但没有一种令人满意。如果爱迪生在长期的失败面前认输了，那后果不堪设想，也许人类会推迟几十年甚至几百年才能使用电灯。同样，一个名企或跨国公司在成长的过程中必然会遇到这样或那样的挫折，甚至是惨重的损失和重大的失误。如果每个老板都在遭遇困难的时候双手一摊，说“我不干了”，那些企业的竞争对手便会趁机瓜分市场，“痛打落水狗”，让还未成气候的公司在襁褓中死亡。

王清是一个成功的业务员，而且他已经从一名一线直销员升到了大区经理的职位。但他在成功之前，也同样在客户那里吃过无数的“闭门羹”，一度想放弃这份工作。但是他想，自己就是走，也要走得风风光光，绝不能带着“输”字走出公司大门。于是，他下定决心，要签一张单回来。而就在王清走烂了鞋、说破了嘴才做成一笔生意之后，他发现自己已经在不知不觉中克服了原先怕被人拒绝的心理障碍，而王清的成功生涯也就从此开始了。

试想一下，如果王清在别人的“横眉冷对”中丧失信心，对自己这份极具挑战的工作认输，那么他也就会埋葬自己的大好前程。所以，不要抱怨命运坎坷，也不要咒骂对手卑鄙。在很大程度上，对于失败所持的态度比失败本身更加重要。道理很简单，因为态度对于你是否能够把握命运有着决定性的影响。任何人都不愿用自己的“灭亡”来换取他人的“生存”。所以，不管是个人还是团队，当面对凶险的环境和迷茫的前程时，都应该像狼一样，不沮丧、不气馁，更不能认输。无论是怎样的困境，都是你最好的练兵场，以饱满的情绪投身到这个练兵场中去，获取经验和教训，将原本的逆境变成转机。就像一首名为《机会》的诗中所写的：“当我一度敲门而发现你不在家时/他们都说我没有希望了/但是他们错了/因为我每天都站在你的家门口/叫你起床/并且争取我希望得到的……”

斗志顽强，越挫越勇

“咬定青山不放松，立根原在破岩中。千磨万击还坚劲，任尔东西南北风。”在这首诗里，高度赞扬了不屈不挠的顽强意志。在自然界的各种生物中，狼是顽强意志的最高表率。

狼这种生物已经在地球上生存了几百万年。虽然自然环境在漫长的狼类生存史上发生过巨大的变化，而人类的贪婪与对狼的偏见，导致狼群曾经一次又一次地面临灭顶之灾。但它们仍然生机盎然地存活着，活跃在辽阔的草原、高温潮湿的热带雨林、干燥的沙漠和终年寒冷的北极……曾经有一位名叫亨利的旅行者见证了一次雪崩的发生。当时，亨利住在雪山对面的一座小木屋里，他正兴致勃勃地收拾工具，准备启程去攀登那座美丽的雪山。但是，他忽然听到几声轰隆隆的巨响。亨利从窗口循声望去，对面的雪山发生了雪崩！只见从山顶滚下的巨大雪块将登山的人全部卷了进去。亨利顾不得庆幸自己躲过了这场灾难，而是急忙打电话到警局去求救。经过三天两夜的解救，工作人员从雪块中挖出了几具登山者的尸体。但令大家都想不到的是，雪堆下还有两匹狼，当救援队挖到它们的时候，他们竟然还活着……救援队与亨利都被狼这种顽强的生存意志震惊了。

在肉食动物中，狼并不具备得天独厚的条件。它没有狮子庞大的身躯，也没有豹类风驰电掣的速度。但它却用顽强的意志克服了重重困难，这一点确实值得人类深思与借鉴……

美国西方石油公司总裁霍华德年轻时家境贫寒，高中毕业后就进入社会打工赚钱养家。所以，霍华德在家境、学历、机遇方面都不具备任何的优势。但是，他却超越了无数的高学历者和家境优越者，最终成为商界的传奇。霍华德先生曾说过："要生存，就要进取。要成功，就要坚韧。"而他也正是凭借这种顽强的意志，战胜了无数的挫折与挑战，终于取得了事业上的巨大成功。

每个人在各自的人生道路上都会无可避免地遇到挫折、阻碍和痛苦。有的人被"拦路虎"阻挡时，马上会放弃努力，而此人的最终结局就是庸庸碌碌地过一辈子。而有的人虽然也被困难折磨得焦头烂额愁眉不展，但他仍然选择坚持到底，最后终于享受到了成功的喜悦。阻碍并不代表失败，而暂时的失败也不等于永远的失败。只要大家不放弃，坚持正确的方向继续走下去，一定能在不久的将来见到灿烂的彩虹。

我国著名的乒乓球世界冠军邓亚萍曾多次获得金牌。但是，她在站上领奖台之前，曾经是一个不起眼的小个子。当年省队集训招人时，她就被"省里来的大教练们"拒之门外。这一打击令邓亚萍很伤心。但她并没有沮丧地离开乒乓球队，而是更加努力地练习球技。几年后，邓亚萍靠着顽强的毅力取得了巨大的进步。当"省队的大教练们"再来招人的时候，邓亚萍精湛的球技吸引了他们的注意。他们没想到，这张原本认定的"死牌"，竟然打出了出人意料的成绩。之后，邓亚萍的乒乓球生涯就正式拉开了序幕，从省队到国家队，从奖牌到金牌……当初不起眼的小个子已经变成了享誉全球的乒乓球运动员。

而世界著名雕塑家罗丹的成功也不是一蹴而就的。他早期的作品曾经被法国各门派的雕塑家们认为是“平庸之作”。如果普通人被大师们这样一“踩”，相信都会仰天长叹“为何天生我材这般无用”，然后收拾刀具，赶走模特，另谋生路。但是，罗丹并没有走上这条“打道回府”的道路，他依然用自己对雕塑的强烈热情，不断观察生活、反复练习，终于成为了载入史册的著名雕塑家。

生活是一段不平静的旅程，困难和挫折时不时地会跳出来将人打倒。而人需要做的，就是站起来，打起精神，继续赶路。被打倒几次，就要顽强地站起来几次。这一点，在职场上也是同样适用的。

曾经有一位写文案的小青年，经常被自己忌才的上司打压。不管小青年写什么，也不管他写得好不好，忌才的上司都会把他数落一顿。但是，小青年并没有被恶上司的态度吓倒，而是依然坚持学习文案的写作，不断地练习写文案。有一天，小青年看到网上有一家广告公司征集广告语，他就把自己的作品寄了过去。半个月之后，他接到自己的文案被采用的通知，并被广告公司邀请加入他们的公司……其实，有的时候，成功与失败就在于人的意志是否顽强。无数事实证明，顽强的意志力是达成所愿的一项必备要素。狼之所以能在恶劣的环境与人类的追捕中长期存在，靠的就是这种顽强的意志。人如果也有建功立业的心愿，那就应该学习狼性，持之以恒，坚持不懈，才能将遭遇的痛苦转化为成功的喜悦。

不要被同样的困境困住两次

狼是一种时刻都保持危机感的动物。拥有较长寿命的狼一般都经历过九死一生。它们身上的累累伤痕都是时刻保持危机感的印证。而时刻保持危机感的其中一种解释，就是不要被相同的困境困住两次。

在草原上，牧民们会在狼经过的道路上挖一个陷阱，并在陷阱里摆放狼夹。同时，又在陷阱旁边放一些牲畜的尸体以引诱狼上钩。一旦狼上钩，掉进陷阱后，狼夹就会把狼的四肢或腰部夹断。但就是这样，牧民们并不能时常有收获。这是因为，狼时刻都保持着高度的警惕，被相同的困境困住两次的状况极少发生。

斯布达是蒙古草原上一位年轻的捕狼人。他花了整整一个月的时间追踪狼的踪迹，好不容易在他认为铁定无疑的路线上设下了埋伏，斯布达急切地等待着狼上钩。天快黑的时候，斯布达手中的绳索开始剧烈地颤抖。他欣喜地向陷阱冲去，但谁知，陷阱中的狼夹旁只有一摊血迹，根本没有狼的踪影。一定是没被夹稳的狼从陷阱逃跑了，追！斯布达抓起狼叉就跟着血迹向前奔去。斯布达追了几百米之后，看到一匹跛脚的狼吃力地奔跑着，但是由于带着夹子，跑不快。而正当斯布达加快速度追上去时，狼却拼命逃脱了。八天之后，斯布达又在原来的路线上布置了陷阱。因为他知道，那里是狼群上山下山的必经之路。而斯布达就躲在附近的灌木中向外观察情况。几个月后，又是太阳快下山的时候，斯布达听到远方传来一阵奔跑声。斯布达的心提到了嗓子眼，因为他知道——狼群来了！只见不远处一匹头狼带着几匹个头稍小的狼向陷阱奔来。但是，就在快到陷阱的时候，头狼忽然来了个急刹车，停了下来。紧接着，它向前走了两步，用力嗅了嗅，又四处张望了张望，然后转身率领其他狼原路返回。这下可把斯布达气个半死。他仔细一看——只见头狼的右腿有些不自然……斯布达恍然大悟，原来头狼就是那匹曾经受伤的狼！

狼虽然不是最凶残的动物，但可以算是兽类中最机警的。它们不会让自己重复陷入一个困境，这样大大提高了自己的生存概率。社会竞争是何等残酷，想必也不用多说。但人非圣贤，谁都无法避免犯错误。而每一个错误，就是成功路上的一个羁绊。那么，每天在报纸、杂志、电视、广播中报道的那些成功人物，他们又是怎样取得不凡的成绩呢？其实，秘诀就是“不被同一块石头绊倒”。也就是说，人犯错误不要紧，关键是要总结经验教训，不再犯相同的错误。

小刘是药厂的化验员，他的工作量虽然并不大，但责任却很重大。一旦出现失误，不知多少人会为这个失误而送命。所以，小刘对工作一向都很负责。但这天，小刘怎么化验都觉得这个药品的样本不对劲，但是他又弄不明白问题的原因出在哪里。偏偏这时生产部门主任又不停地催促小刘签字，好让产品尽快生产。就在主任的“聒噪”声中，小刘脑中的电线不知怎么接通了。一刹那，他明白了出错的原因。原来，小刘什么都好，就是有一个毛病——爱睡懒觉。那一天，小刘就是因为起床晚差点迟到，来到实验室之后，匆匆忙忙地不小心将样品污染了……小刘想到这里，便通知车间立即停工，样本要重新配置……从此之后，小刘下决心改掉睡懒觉的习惯。每天晚上，他都会调好闹钟才上床休息。就算是休息日，他也会按时起床，出门跑步。自那以后，小刘的样品再没有出过差错。第二年，小刘还被评为“先进工作者”。

但是，在现实生活中，“记吃不记打”的却大有人在。虽然犯错并不能让人轻易陷入死亡境地，但是，重复相同的错误是对人智力的巨大否定。在职场上，更可能会因此丢了饭碗，耽误了前途。

张庆是一个能说会道的年轻人，尤其是三杯酒下肚之后，就更是高谈阔论，滔滔不绝。只要他一开口，就没有别人发言的机会。张庆在公司里大小都算是一个头目，手下有八九个人一起做房地产业务。有一次，张庆跟几个房地产界的朋友一起到酒吧去玩。几个做房产的经纪人坐在一起，又开始有一句没一句地吹牛神侃。说着说着，喝了不少的张庆就把公司最近要卖的一块地皮有哪些买家都说了出来，吓得坐在旁边的张庆的助手冷汗直冒。当然，说者无意，听者有心。就因为张庆的疏忽，他所在的公司失去一单大生意。但助手毕竟跟了张庆几年，所以他并没有把张庆泄露公司秘密的事情告诉别人。三个月后，张庆又在新出的楼盘里内部认购了五十套，准备叫手上的几个大客户赶快接手。果然，由于张庆动作敏捷头脑灵活，二十套很快就卖出了。张庆也从中赚了不少佣金。得意忘形之下，张庆又约了一班做地产中介的朋友到酒吧喝酒吹牛，张庆再一次在酒后将剩余三十套的报价说了出来……这回，张庆的助手不再帮张庆“擦屁股”了，他如实将张庆的失误上报了公司。随后，张庆被公司除名……

人是高智商动物，应该经常反省自己过去每一个阶段的得与失，从每一次的错误中吸取经验和教训，从而杜绝再犯相同的错误。虽然要做到这一点要花费精力、消耗体力，但如果想要做生活的强者，就应该逼迫自己不要被相同的困境困住两次。既然狼都能做到这一点，相信人也能够做到。

最有效的方法就是立即行动

当人遭遇挫折的时候，往往选择低调疗伤，闭门不出。但是，伤口复原，准备出山的时候，已经错过了最佳反击的时机。这就是许多人与成功失之交臂的原因之一。人要像狼一样，立即行动，迅速出击，就算遍体的伤口依然在滴血……

美国西点军校自从建校以来，一直提倡"没有任何借口、不要拖延、立即行动"的行为宗旨。而清华大学也将"行胜于言"作为校训。由此说明，一个有战斗力与竞争力的人，必然具备行动快、执行力强的素质。但是，如果机缘顺利的话，快速行动也许并不是一件特别难的事。一旦遭遇困难和"瓶颈"，人们又该怎样做呢？答案仍然是快速行动，立即执行。狼群是野生动物中反应最为敏捷的动物之一。这是因为，它们对周围的环境非常敏感。一旦出现异常情况，它们都会第一时间察觉到，并会尽量缩短观察思考与统筹安排的时间，以最快的速度做出反应。也正是这种行为，使狼群在恶劣的环境中保存了实力，以至于它们不仅能生生不息，还能不断发展壮大。

在非洲的热带草原上，生活着一群叫作莫图卡的狼。莫图卡狼群是热带草原上最强壮的狼群部落中的一个。但是，由于草原所在的非洲国家引进了大量的外资，开始进行大规模的工业建设和生产。于是，随着工业废物对环境的污染，这片原始状态的热带草原遭到了毁灭性的破坏。自然，莫图卡狼群也因为工业污染带来的变化而死伤惨重。在这种情况下，莫图卡狼群立即做出反应，它们决定立即向非洲北部进行迁徙。就在草原上的大部分动物还在苦苦挣扎时，狼群已经向北部挺进。没过多久，工业的污染已经将草原上适合野生动物生存的条件破坏殆尽，许多生物物种在此灭绝，而对危机做出快速反应的莫图卡狼群已经成功抵达北部，成为北方新一代的强大狼群部落。

但是，有些人在遇到困难与威胁时，还无法像狼一样做到快速行动，而是首先大哭大闹，随即抱怨和咒骂，从而贻误了“最佳战机”。其实，人只要在当时的情况下快速做出反应，困难与威胁就能够解除。

曾经有一个故事是这样说的，有一艘海轮途中触礁，船体进水。乘客们惊慌失措，有的急着找救生圈，有的跑到货仓去拿自己的行李。但有更多的人在发牢骚、耍脾气，责怪船长驾驶技术太差，或是大骂造船厂生产出这样的伪劣产品……这时，一位乘客高声喊道：“我们的命运不是掌握在大家的一张嘴上，而是掌握在我们的手上。赶快堵住漏洞，大家才有可能活着上岸！”被这个聪明而冷静的乘客一提醒，大家如梦方醒，马上七手八脚的快速行动起来。经过众人的努力，船身上的漏洞被堵住了，海轮继续向前行驶。五个小时之后，安全地到达目的地。

这个故事告诉人们：百怨不如一干，百说不如一做。要想克服困难、解决问题，只有快速地行动起来，才能在最短的时间里走出阴霾。同样，快速行动在年轻人的职业生涯中也是同样适用的。试想一下，在瞬息万变的市场和捉摸不透的公司内部环境里，如果你只说不做，屁股沉得好像有几百斤，那永远都不要指望有出人头地的一天。

振业在二十九岁的时候下岗了。但这并没有令振业觉得失落和痛苦，他反而像放下千斤重担一般，心想这下可以好好休息了。但是，振业下岗的事却像一块大石头一样压在振业爸爸的心上。爸爸为了能让振业尽快有一份工作，他四处托人、送礼，终于有一家化工厂让振业到车间去上班。懒惰的振业为了让爸爸放心，还是勉为其难地答应去上班。但是，第二天，振业睡过了头。他心想，晚去一天也没关系，于是又继续蒙头大睡。第三天，振业又被一帮狐朋狗友拉去打台球……就这样，一天又一天地拖着。当振业终于去车间报到的时候，他发现，由于自己来晚了一步，原本属于他的名额已经被一个小姑娘给代替了……

不管是职场还是社会，都是这么现实。成功始于心动，而成于行动。清代著名学者彭淑端曾经在一篇文章中写道：“天下事有难易乎？为之，则难者亦易矣；不为，则易者亦难矣。”尤其是当人们遇到挫折的时候，低落的情绪和低迷的士气都令立即行动有些强人所难。但强者就应该具有狼一样的精神，遭遇挫折，首先要做的不是哀悼、不是悲伤，而是立即行动。因为这样，才真正符合“弱肉强食、优胜劣汰”的法则。

第 6 章

狼机不失：把握机遇，嗅觉要异常灵敏

成功地获得与机遇是分不开的。机遇是一种十分玄妙的东西，有时它近在身旁，有时却又遥不可及。那么，我们就不得不像狼一样，躲在不起眼的地方，睁大眼睛观察周围的环境。一旦机遇出现了，我们便要毫不犹豫地飞身扑出去，决不能让稍纵即逝的机会从眼皮底下溜走。

暗中潜伏，等待最佳良机

一个有耐心的人，绝不会轻言放弃。即使身处逆境，他也会不屈不挠，在紧要关头勇敢地抓住机会，一展宏图。而没有耐心的人，无论做什么事情，都是三天打鱼，两天晒网，到头来终究是竹篮打水一场空。

弱肉强食一直是动物界生存的自然法则。在无垠的旷野上，到处充斥着残酷的杀机。面对危机，机智勇敢的狼无所畏惧。为了生存下去，它们顽强地游走在自己的领地，耐心等待，伺机捕获猎物，从不轻易放弃。耐心是狼能够捕获猎物的必备条件：没有耐心，狼就得不到食物；没有食物，狼就不能生存。生存是狼的本性，就像我们人类一样。为了生存下去，我们也应该具有狼的耐性，做生活的强者，不畏困难，笑傲生活。只有这样，我们才能在竞争激烈的职场中谋得一席之位，立于不败之地。特别是在竞争日益激烈的今天，每个人都面临着强大的生存压力，求职者如过江之鲫，多如牛毛。如果没有聪慧的头脑，没有十足的耐心，抓不住不可多得的机遇，跟不上时代的潮流，就会远远地被抛在后面，甚至被社会淘汰，成为被吃掉的羊。

因此，很多人为了能得到一份自己心仪的工作，挖空心思，不惜代价包装自己，购买名牌时装，涂上高档化妆品，做时尚发型，以期在面试时能得到主考官的青睐。殊不知，这是求职中的大忌。大部分招聘单位看重的是求职者的能力，而不是他们华丽的外表。这些人一旦被刷下来，不去寻找自身的原因，弥补自身的不足，耐心等待机会，而是整日怨天尤人。这样一来，即使又有新的良机来到，也会从他们身边悄悄溜走。有耐心的求职者会把目光放得很长远，着眼于美好的未来，而不是斤斤计较眼前的得失。他们能够把握自己的人生轨道。尽管思想和心理上承受着巨大的压力，但他们屏息以待，瞄准目标，果断出击，最终取得成功。

杭州的小梅是学平面设计的，大学毕业后开始找工作。好不容易得到几次广告公司的面试机会，但是对方都以不考虑应届生为理由把她轻松打发了。但是，小梅并没有因此灰心丧气，她找到了艾菲尔广告公司求助。艾菲尔广告公司考虑到她的作品与广告公司的要求有很大的差距，应聘简历也很普通，就给了她一次机会，让她模拟设计商业作品。小梅耐心地把自己的作品和商业作品进行了仔细的比较，找出其中的差距，开始潜心学习设计商业作品。很快，小梅就掌握了商业作品的设计技巧，并设计出了一些好的作品。经过一年的时间，小梅设计的优秀商业作品越来越多。她想，自己是“出师”的时候了。令小梅兴奋的是，艾菲尔广告公司专门为她设计了一张求职海报。于是，她将这张海报和自己的部分设计作品给12家广告公司发了过去。她没有想到，自己竟然收到了8家公司的面试通知。面试之前，小梅又接受了艾菲尔广告公司的面试技巧培训。面试的结果出乎意料，6家公司同时录用了她。经过精心的选择，小梅进入了杭州久负盛名的广告企业——精锐广告公司，开始了自己的职业生涯。

具有狼性的忍耐就是对人生未来的等待，抓住机遇就等于给了自己一个美好的未来。小梅的成功无疑是忍耐的最直接展示，足够的耐心是她成功的法宝。其实，无论做什么事，只要有足够的耐心，把握机会，就能取得成功，胜利只垂青那些真正有耐心的人。要想获得高职位、高薪也不例外，也必须有耐心，有咬定青山不放松的精神，盯住既定的目标，锲而不舍，孜孜追求，遇到挫折不要停滞不前，在别人放弃时仍然一往无前，就会取得最后的成功。

羊绝不会主动送到嘴边

主动出击是狼出奇制胜的绝妙秘诀，因为它明白羊绝不会主动送到嘴边。面对滚滚的求职大军，我们也要抢夺战机，主动出击，勇于挑战高薪、高职位。只有这样，才能出奇制胜，掌握真正意义上的主动权。

在狼生存的世界里，时刻存在压力和竞争。但是，猎物绝不会主动送到狼的嘴边。为了生存，狼到处寻找猎物；为了捕获猎物，狼会主动勇猛出击。不仅仅只有狼盯着视野中的羊，不远处可能有一群鬣狗也在盯着这只羊。因此，要想成功地捕获这只羊，狼所能做的就是抢先出击。只有抢先出击，获得猎物，狼才能生存下去。由此可见，主动出击是狼出奇制胜的秘诀。

我们人类也应该学会主动出击，不断地寻找求职机遇。能够主动出击的人，他拥有无限的主动权，他会朝着自己追求的目标奋勇前进，永不停滞，直到成功。如果不主动出击，一味消极等待，结果只能是灰心失望。工作不会主动找你，你只能主动去找工作，才能把自己“销售”出去。也只有主动出击，勇于挑战，丰厚的薪金和较高的职位才可能得到。要知道，职场的机会是靠自己争取的。只有学会主动出击，才能像狼一样出奇制胜，才能找到称心如意的工作，你这块美玉才能发出耀眼的光泽。现在，社会用人需求的增长速度已经远远落后于求职者的增长速度。要想在激烈的职位竞争中取得成功，就要主动去寻找“婆家”。因此，主动推销自己已经成为求职者的首选策略。正所谓：“智鸟先飞。”明智的求职者拥有强烈的自信心，他会通过多种渠道向用人单位展示自己的能力，抢夺就业机会。无论是参加招聘会，还是网络求职，他都会扬长避短，克服重重困难，充满信心地迎接挑战，把自己的特长发挥得淋漓尽致。这样的求职者往往能过五关斩六将，轻松自然地达到自己追求的目标，取得高薪、高职位。

所以，在就业形势日益严峻的情况下，要想在成千上万的求职者中脱颖而出，就要变被动为主动，发挥自己的优势，认准自己的发展方向，了解应聘单位的情况，以期增大成功的概率。特别是刚走出校园的大学毕业生，更应该有主动意识，不能等着天上掉馅饼。要多方寻找就业门路，勇于向高薪、高职位挑战。即使遇到挫折，也不要气馁。只有主动出击的求职者，才能及时了解招聘需求和市场动向，知己知彼，百战不殆。也只有他们，才能抓住转瞬即逝的机遇，得到自己向往已久的职位，取得阶段性的成功。

北京的韦光作为西南财经大学的毕业生，在大三的时候就开始请教“牛人”师兄师姐们“笔经”和“面经”。不巧的是，他正好赶上了席卷全球的金融海啸。为了使自己学有所用，找到高薪、高职位的工作，他开始通过各种渠道积极向招聘单位投递简历。从 2008 年 8 月开始，韦光共投出简历 108 份，参加笔试、面试数十次。在应聘网易财经编辑时，公司只招 6 个人，而报名的就有 300 多人。通过网上笔试和电话笔试，韦光最终没有收到通知。韦光开始奔波于成都与北京之间，“南征北战”地找工作。2008 年 11 月，招商银行北京分行招聘员工。得知此消息，韦光马上投了简历。很快，他收到了面试通知，并顺利通过了第一次面试和笔试。2009 年 2 月 11 日，他收到再次面试通知，经过自我介绍、小组讨论、自由辩论，他与招商银行结缘，开始了精彩的人生之旅。

不断寻找，主动出击，迅猛捕获猎物，这是狼的生存原则。韦光的成功就职，就是他主动出击、勇于挑战的结果。所以，当我们被淹没在茫茫人海中时，千万不能随波逐流，在人云亦云中迷失自己。相反，更重要的是要认真地在失败中反省、在反省中总结，从而才能清晰地认清自己和目标。毕竟东西是死的，而人是活的，活人当然不能被尿憋死。在这种情况下，我们就要紧跟着市场需求的步伐，展示出自己。所以说，只要积极主动地寻找机遇，不消极等待，才更有可能在社会上立足，才更有可能达到自己的目标。

李文怡是河南南阳理工学院软件学院的毕业生。如果没有自己的积极争取及学校老师和领导的推荐，如果没有过硬的专业知识和沟通技能，她就不会从 3 万人中突围，敲开微软的大门，得到超人一等的薪金待遇。再回首历史，毛遂要是不懂自荐的话，日后就不会有“三寸不烂之舌”迎来盟军百万雄师的传奇故事。主动是一种追求，更是一种不放弃的信念。拥有这种信念的人，总是会比别人抢先一步；没有这种信念的人，总是会比人落后一步。而职场如人生，人生又如棋，往往就因为棋差一着而满盘皆输。因此，面对滚滚求职大军，求职者要抢先一步，主动出击，才更有可能拿到人人眼红的“馅饼”。

狼性箴言：守株待不了羊

“守株待兔”，只能坐以待毙。所以，机智勇敢的狼走出它们的巢穴，凭着它们敏锐的嗅觉，到处追踪猎物，以获得维持生存必要的食物。明智的求职者更不应该“守株待兔”，而应变被动为主动，积极自信地拼搏，寻找目标，获取猎物，永不放弃。

茫茫草原上有很多的猎物，但是你却根本看不到在穴中休息待羊的狼。“守株待兔”，只能坐以待毙。只有不“守株待兔”，不断寻找，狼的食物才会源源不断，狼才能生存下去。也只有不“守株待兔”，狼才会在残酷的自然竞争中不断繁衍生息，壮大自己的队伍。一味地“守株待兔”，即使是最易到手的猎物也会轻而易举地被别的捕猎者捕获。所以，为了生存，狼选择主动出击。作为世界的主宰——人类，也不能“守株待兔”，只有主动出击，才会取得成功。不“守株待兔”的人会积极主动地拼搏，寻找目标，获取猎物，永不放弃。而那些“守株待兔”的人只会走向被动，即使机会出现，也会失掉机会，他永远等不来送上门的羊。求职者不应该“守株待兔”，他应该变被动为主动，努力去寻找真正适合自己的工作岗位，抓住机遇，充分展现自己的才能，以得到较高的薪金待遇，给自己创造美好的生活前景。

随着社会文化经济的迅猛发展和高校教育的日益普及，大学生已不再是天之骄子，求职已成为大学生走向社会的必经之路。要想尽快取得满意的工作，就要理智果断地为自己筹划未来，想方设法为自己创造机会、寻找机会，并且抓住机会，才能一举成功，绝不能坐以待毙，要敢于向生活挑战，这样才能出人头地。然而，有的大学毕业生却坐在家中，坐等就业机会的来临，幻想有朝一日能得到一个理想的好职位。这样的求职者只会消极等待，他并不了解自己具备哪些潜在的特质和自己所擅长的专业技能，也不会积极主动地去寻找发展的空间，最终会远远落伍。所以，为了取得满意的工作，求职者应多方面了解用人单位的需求，主动与用人单位联系，不放过每一次机会，并珍惜每一次难得的机会。只有这样，求职者才不会与高薪、高职位的工作擦肩而过。只有求职者积极主动地去争取，充分发挥自己的才能，求职才能成功，求职者才能得到一块“喷香的奶酪”。

浙江大学宁波理工学院学生王智新把就业目标锁定了高薪、高职位。面对日益严峻的就业形势，他决定根据自己所学的信息与计算科学专业出发，主动出击寻找发展空间。2008年9月，他看到国内某知名网站的招聘信息，虽然招聘要求条件很高，但王智新还是决定试试。那些天他正忙着编辑一个程序，休息时间极短，以致面试时精神倦怠、手忙脚乱，结果可想而知。虽然初次应聘失利，可是王智新并没有放弃。他又参加了几次其他公司的面试，但都以失败告终。2008年11月，王智新又看到该知名网站的招聘信息，便又报了名。经过电话沟通，他很快进入了第三轮的面试。有了前几次面试失败的经历，王智新做了充分的准备。面试时，主考官提出了一些问题。由于王智新曾参加过学校的ACM集训队，并获得过亚洲赛区和浙江省赛区奖项，所以大部分问题都迎刃而解。对于一些有难度的问题，他勇敢地表达自己的想法。他以快速的反应、超强的动手能力和积极向上的团队协作精神，深深地打动了主考官。最终，王智新从众多求职者中脱颖而出，被该网站以近 20 万元的年薪聘用。现在，他每天都到公司上班，参与研发网站核心技术。

与其“守株待兔”，不如走出洞穴，主动去寻找猎物。这是狼之所以能在残酷的竞争中生存下来的最主要的原因。在很多大学毕业生还在为找工作忙碌时，王智新却能够早早地从求职大军中突围而出，就在于他不“守株待兔”，而是主动出击，最终成为一匹真正勇猛的“狼”。

玉林师范学院毕业生区艺明如果不是自己积极主动、满怀信心地找到玉州英文学校领导毛遂自荐，如果没有抓住机会展示自己精湛的教学技能，他就不会得到用人单位的好感，成功地被高薪聘用。事实证明，机遇总是降临在有准备者的头上。因此，求职者不要“守株待兔”，要找准理想的单位，充满自信地主动出击，这样才能取得高薪、高职位的工作。

自动自发，世界将为你让路

如果有一天，天上真的掉下一块馅饼，能接住它的肯定是事先做好准备的人。想成功的人永远不能等着命运来垂青于你，应该握紧拳头，擂响命运的大门；主动出击，早日踏上成功之路。草原上的狼如果等着猎物走到身边才进行狩猎，那么，狼早就退出大自然的舞台，专任童话中的反面角色了。如果你只想着等成功降临到头上时才伸手将它虏获，那么，你只能永远做着白日梦而一事无成了。

买彩票的人很多，想中大奖的人也很多，但实际中奖的人却很少。这是不争的事实。不过，有一种人永远也不会中，那就是从来不买彩票的人。曾有一个美丽的故事，说是幸运女神经过两家人的门口，一家人打开了大门，把女神请进来，结果女神赐给了他们好运。而经过另一家门口的时候，主人却在家睡觉。于是，女神摇了摇头，又飞到了天上。当睡觉的人醒来后，看到邻居的生活，便羡慕不已。邻居便告诉了他这个秘密。他后悔莫及，从此便整天期待着幸运女神的再次降临。可是，他却不知道，天上一天，地上一年。所以，无论你有多少创业梦想，无论你的构想多么精彩，如果不会主动抓住机遇将它付诸实践，那么梦想永远只能是梦想，再美丽的梦想都只能是水中月、镜中花。

肯德基是世界上著名的快餐连锁企业，它的创立者是一个年过花甲的老人，你相信吗？66岁的肯德基上校年轻时从事过许多的工作，却从未以他最喜爱的烹饪作为主业，领着退休金的他对未能实现的烹饪梦想耿耿于怀。终于有一天，他决定为自己的梦想奋斗一回。于是，他开着1964年的福特车，忙碌地穿梭于印第安纳州、俄亥俄州及阿肯色州。肯德基上校向各家餐厅推荐自己独特的炸鸡配方，遭到一次又一次的拒绝，却并不就此放弃。终于，有人愿意和他合作了。于是，5年后，年已耄耋的上校在美国及加拿大已有400家的炸鸡连锁店——肯德基。现在，你在肯德基门口看到的那个白胡子老人，就是为了自己的梦想奋斗不息的肯德基上校。

如果你有梦想，只有实践才能让美梦成真。永远不要为自己的止步不前找借口，66岁的肯德基上校尚能通过不懈的努力创立这个世界上著名的快餐连锁机构，你为什么要让自己的美好理想在脑海里蒙尘呢？

遥远中专毕业后，只身来到了这个城市。他没有傲人的学历，没有显赫的家庭背景，他只能靠自己的奋斗走向幸福生活。遥远学的是汽修专业，在一家修车厂找了一份工作。毫无工作经验的他只能从学徒干起，最脏、最累的活每次都派到他身上。遥远不仅毫无怨言，还经常主动抢着干脏活、累活。和遥远一起应聘来的另外两个小同事常常笑话他，说他太傻。遥远还真的只是傻傻地笑笑，从不辩解。没活干的时候，遥远常常给修车厂里的师傅们端茶递水，趁空闲得时候请教修车技术。晚上，遥远还报了一个成人夜校去学习。

在别的年轻人尽情享受夜生活的时候，遥远却在埋头苦读。渐渐地，人们开始注意到这个勤快的小青年。他从不躲懒，除了该干的活外，还包揽了修车厂的卫生打扫。他很聪明，他对师傅们的指导常常是一点就透。老板对遥远的表现非常满意，所以很快就让他脱离了学徒身份，晋升为修车师傅。几年后，当遥远提出想开一家自己的修车店时，老板二话没说，拿出钱入股。因为老板相信，这么勤奋上进的青年绝对会有所作为的。遥远也没有让老板失望，短短几年，已经将一家修车店变成了汽车维修连锁店。

要将梦想实现，你必须做好充分的准备。狼在面对自己的猎物时，并不是盲目地进攻，而是衡量好敌我力量后，制订出有效的作战计划，这样才能将成功率大大提高。但事实上，很多人总是喜欢沉湎于自己的幻想，而从来就不去真正实施，最终幻想也变成了空想。其实，人世间的很多事并非是可遇而不可求的。只要是你想到的，基本上你都可以做到；只要是你想去克服的困难，也基本上都可以克服。关键是你有没有一颗主动的心。成功就像一个美丽的女子，如果你连追求的勇气都没有，那她只能变成别人的妻子。成功就像一盘菜肴，材料准备得不充分，它绝不可能美味。那么，当你相中它的时候，就该鼓起勇气，主动地去追求。所谓主动，就是指随时准备把握让它看上你的机会。丛林里没有一匹等待食物的狼，所以，生活中我们也不能总是等待。

抓住稍纵即逝的机会

机遇就像是彩虹，来的时候无声无息，走的时候又没有痕迹。所以，怎样抓住机遇，令不少人愁白了头发，想破了脑袋。其实，抓住机会并不难，只要有智慧、够速度，机会就逃不出你的手掌心……不可否认，狼是捕猎的好手。不管它的对手是飞速的，抑或是健壮的，狼总是能抓住黄金机会，向猎物发出致命的攻击，令对手在最短的时间内毙命。看过《动物世界》的人都见识过，伏击在草丛中的狼的两只耳朵机警地竖立着，当麋鹿出现时，狼就伺机而动，一旦找到良机，原本“静若处子”的狼就会飞身扑出去……同样，狼的对手不只有猎物，牧民与猎人都是狼群的对手。但是，不管拥有多高智慧的牧民做出怎样的防范措施，狼群总是能够乘虚而入，偷走牧民饲养的羊和其他牲畜。由此看来，狼是一种多么会把握机会的动物。机会是一种十分玄妙的东西，说它遥远，有时它却近在身旁，说它不遥远，它却看不见摸不着，不知到哪去寻找。而能抓住机会的人，常常能有一番不小的作为。

20 世经 90 年代，由于改革开放政策的引导，大量外资被引进，许多乡村城镇都富起来了。但海姚村就没这么幸运了。虽然海姚村出产的水果又大又漂亮，但由于交通闭塞，无法将这些水果运出山外，所以这里的果农每年都会含着眼泪看着水果烂掉。而这一天，几个外商来到了这里。当他们看到这些无化肥、无农药的绿色水果时，双眼立即大放异彩。但考虑到海姚村的交通情况，外商还是遗憾地说了一个词——sorry。

当村民们眼巴巴地看着外商离开时，村支书老白冲上去拦住外商的车，对他们说道："一定要把我们的水果卖出去，交通不行，我们想办法！"老白的诚意感动了外商，他们承诺，只要路通了，他们一定会回来下订单的。老白立即组织村民们集资，但是穷得叮当响的村民们哪能凑出那么一大笔钱。这时，老白又想出一个当时没有人敢想的主意——向银行贷款！老白知道，不能让乡亲们一直穷下去了，外商的到来是一个千载难逢的好机会。如果不抓住这个机会，以海姚村的交通条件，不知道猴年马月才能再有人来！老白贷到款之后，就带着工程队和乡亲们毅然决然地开始了艰难的开山修路工程。一年之后，一条差强人意的水泥路就呈现在了村民的眼前。也就是这条不怎么样的公路，将一车车的水果源源不断地运出了海姚村，流通到了国内的各大城市，甚至漂洋过海去了外国……

俗话说："机不可失，时不再来。"这句话足以说明机会的宝贵。但并不是每个人都能抓住机会的"小辫子"。所以，生活中就有许多人始终在抱怨自己得不到上天的眷顾。但事实上，这些人并不知道，上天曾经将机会送到了他们的家门口，只是眼拙耳蒙的人们让机会在无意间悄悄溜走了……

炳依与炳欣是堂兄弟，两人一个敢作敢当，一个伶牙俐齿。可惜两兄弟并不交好，动不动就因为一点小事在车间吵起来。听说前几天还差点打架，如果不是工友们将他们拉开，他们早就头破血流两败俱伤了。而偏偏就在这个时候，跑业务的炳依接到了一万吨钢材的订单。但是，负责生产的炳欣却十分不高兴，因为按照目前的生产状况判断，工厂根本不可能在一个月的时间内生产出一万吨钢材。就在两兄弟的矛盾再次爆发的时候，厂长幡然醒悟——实行二十四小时轮班制的机会来了！于是，厂长紧急召集炳欣和炳依，让两人在工人们中一个唱白脸，一个扮忠臣，将二十四小时轮班制大力推行下去。果然，在两兄弟的鼓励政策和打压方式的双重夹击下，原本懒散的工人欣然接受了轮班制度，并建立了奖金与产量挂钩的政策。这样一来，工人们的劳动积极性大大提高，而最终，一万吨钢材也如期交货！事后，两兄弟对厂长的策略佩服得五体投地。在一般人的眼中，两兄弟闹矛盾只能是采取劝诫的方式。但是，睿智的厂长却在这一矛盾中看到了工厂实行改制的良机，成功地提高了生产效率。

成功地获得与个人的努力和机遇是分不开的。人在面对捕猎机会的时候，应该像狼一样，躲在不起眼的地方，竖起耳朵、睁大眼睛观察周围的环境。一旦机会出现，就毫不犹豫地飞身扑出去，决不能让稍纵即逝的机会从眼皮底下溜走。

隐忍以行，将以有为

没有随随便便的成功，更没有从天而降的财富。想要站到人生的顶峰，就要像狼一样，用机智和敏锐让自己变得强大，用无畏和坚韧将自己武装得坚不可摧。不知道未来如何，看不到成功在何方。茫茫人海，滚滚车流，你将要被淹没。每天朝九晚五，面对盛气凌人的上司，从不敢想象自己有一天能取而代之。你的人生似乎就要这样一直平庸下去，怎么办？怎么办？草原上的狼并没有巨大的身躯，但它们敢于猎取身材是它们数倍的野牛。它们不会退缩，没有胆怯，却也并不鲁莽。认准目标后，它们会观察、会计划，但永远不会因为猎物的强大就畏缩不前。让自己多一点狼的精神吧，成功就在前面，等着你把它猎取。

杰不到25岁就有房有车了，并拥有一家体育用品连锁店，很多人对他的成功感到惊讶，认为是命运之神对他特别眷顾。但熟悉他的朋友都知道，这是他不懈努力的结果。杰18岁开始创业，那时他刚高中毕业。一直生活于富裕家庭的他并没吃过什么苦，给人的感觉就是个五谷不分、四体不勤的“少爷”。他脑子灵活，却从小不喜欢读书，只热爱体育运动，尤其喜欢打篮球。父母大为头疼，总是为他的将来感到担忧。当他高中毕业说想开店的时候，家人一致反对，认为这不过是他的又一次心血来潮。得不到家人的支持，也就没有创业资金。如果他就此放弃，去选择一所大学继续学习，也就没有后来的创业神话了。杰想了想自己的处境，冷静地分析了自己的情况。他认为自己有信心并且有能力做好体育用品商店，因为他对体育运动十分热爱与熟悉。现在，缺少的是开店的资金。于是，他在自己的朋友中物色人选，说服他们拿出自己的积蓄来投资他的体育用品商店，并拟定了合同。很快，体育用品商店开起来了。但经营商店并没有杰想象中那么简单，开业近半年，生意一直没有起色，筹集的资金也使用殆尽。家人、朋友都劝他趁亏得不多赶紧收手，好好听从家人的安排去上学。然而，杰是一个“不撞南墙不回头”的人。他分析了自己失败的原因，认为是产品没有特色，针对的客户群不明确。找到原因后，他开始积极整改，将无所不包的体育用品商店改变成了专卖各种篮球鞋的鞋店，各种品牌各种功能的篮球鞋俱全。然后，他积极联系篮球爱好者，了解他们的需要，根据他们的需要来发展自己的商品，同时也为自己的小店做了宣传。渐渐的，他的鞋店生意好转了，盈利了，家人对杰的看法也逐步改变了。借着这个鞋店，杰又开始发展其他体育用品商店。用了 6 年的时间，他拥有了体育用品连锁店。

在杰的创业过程中，我们看到了他的坚忍不拔，看到了他的机敏应对，看到了一种狼的精神。很多人梦想能成功，他们也曾一时冲动去创业，但真正成功的又有几个呢？成功的人们难道真的只是靠命运女神的眷顾吗？看了杰的故事，我们知道，想要成功，仅凭命运的安排是远远不够的。首先，要清楚自己真正的优势究竟是什么，不能盲目地创业。而一旦开始创业，就要有坚持下去的决心，不能仅仅因为一时的失败或众人的反对就轻易放弃。爱迪生发明灯泡经历了多少次失败？恐怕连他自己都说不清。只要在其中一次失败之后，他放弃了，那么历史也会因此彻底改变。其次，在创业过程中遇到困难的时候也不能盲目向前，而应该冷静分析症结所在，找出解决的办法。成功与财富是千万人的梦想，而能将梦想变成现实的人却寥寥无几。这是因为，在追求成功的路上，面对着横亘的障碍时，很多人少了狼一样机敏的心思，少了狼一样坚韧的精神。

主动出击，创造机遇

机会就像扑面而来的风，谁都有机会碰到它，但唯有一双随时准备出击的手才能抓住它。很多人任凭机会与自己擦肩而过，之后才幡然醒悟。但往往就是这一瞬间，就决定了“输”和“赢”！在这方面，狼是我们的榜样！优胜劣汰的自然法则众所周知，为了生存拼搏不息的人们换来的只是微薄薪水，甚至朝不保夕。明天的路在何方？成功的大门又何时才向自己敞开？财富到底掌握在谁的手中？狼在捕食猎物前，必先侦察好方向，然后再发动攻击。狼在每次攻击前都会去了解对手，从不轻视它。所以，狼一生中很少攻击失误。机会时时刻刻 在我们身边擦肩而过，却很少被我们及时抓住。我们缺少的并不是机会，而是伺机而动的敏锐观察力，以及胆识过人的行动力。狼是天性所向，那么人类就没有类似的天性吗？还是太多的规则和长久以来的陈旧思维钝化了我们成长的雄心？

最早来深圳的时候，他还是一个初出茅庐的小伙子，他应聘了一家保险公司。进入行业最开始，他只有跟着自己的师傅东奔西走、走街串巷，对深圳的陌生使他甚至会在这个城市迷路而不知道怎么回家。他不清楚为什么师傅总能跟每一个他见到的人侃侃而谈而自己却无能为力，这令他很沮丧。快要交付房租了，他带来的钱已经不够了。正当他不知所措的时候，敲门的声音打断了他的思绪。他知道，是房东老大爷找他来下棋了。迎进老人家，落座之后，老人一眼看出了他的沮丧和失落，却不动声色地拿出棋盘，与他对弈。

他收起疲惫的情绪，微笑地看着老人静静地摊开棋局。老人眼中闪烁着惊异的目光，他却并没有发现。刚要出手行棋，老人摆摆手，问他："今天你准备怎么赢我呢？"他咬咬嘴唇，拘谨地回答："在我的家乡，没人赢得了我。可是，到了这里，却从来没有赢过。"老人笑笑，慈祥的面容饱含赞赏："今天你赢了我，我就免你一个月的房租，怎么样？"他心动了："真的？"老人点点头。这盘棋下了4个小时，要在平时顶多半个小时他就已经败下阵来。老人困顿地打着哈欠："看来，我今天的确是要输了啊！"他心里暗喜，却尊敬地对老人说："大爷，要不我们今天就到这里吧。棋局我不动，明天再继续下。怎么样？"老人非常不满："今天的事情就要今天结束，为什么要推到明天？"他吓了一跳，从没看见大爷如此生气过。又过了1个小时，最终老人赢了。他却很开心地说："还是下不过您老人家啊！"老人深沉地看着他："不，是我输了，你在最后几步明显是故意输给我的。这我已经看出来了。"他不可思议地看着老人，却也无法狡辩。老人微笑着问他："你知道今天你为什么可以赢我吗？"他紧张地看着老人，老实地回答："因为您说要免我一个月的房租，我带来的钱已经不够了，怕交不起房租。"老人哈哈大笑："就这么简单啊？"他点点头，谦卑地看着老人。"你是个不错的年轻人，有头脑，很灵活，而且老实憨厚，这是你与生俱来的优势，而你缺少的就是主动出击。比如今天的棋局吧，平时你下棋的时候很散漫，开始我以为你并不会下棋甚至是不屑与我这个老头下棋。今天，我终于看明白了，当你主动出击的时候，你可以发挥出超越平时很多的实力。这让我想起了我的一个朋友。”他傻了：“您的朋友？跟我一样吗？”老人讪笑道：“怎么会跟你一样呢？它是一头狼。”

他被老人吓住了，不知该怎么回答。老人慈祥地看着他：“我在郊外有一幢别墅，附近有很多野生动物，其中也不乏狼这种凶猛的野兽。我仔细观察过它们的生活习性。狼，它有一种天赋叫作‘狼卜’。它们猎食的时候往往都是谋定方向和目标进而主动出击！今天的棋局，你就像狼一样拥有狼卜。”他一下子明白了，原来老人早已看出了他今天的低迷，这是在鼓励他。他尊敬地向老人鞠躬。老人摆摆手，站起身来走出了他的房间。从那天之后，他没有再跟着自己的师傅，而是自己主动地去和任何一个他见到的人去推销、去交谈。不管对方是否愿意听自己的话，他依然微笑着面对每个他所遇到的人。他发现，原来深圳并不是那么大，自己也可以认识很多条回家的路。

时光荏苒，三年过去了，他已经升到了部门经理。对每一个新来的员工，他都会讲出这个老人的故事。他说自己每次向一个陌生的人推销产品的时候，都在想老人讲的“狼卜”，在想那天的棋局。

刘备三顾茅庐请诸葛亮出山辅佐自己，后人以此来形容求贤若渴。若不是刘备如此锲而不舍，也无法成就今天他在后人心中的地位。卡耐基说过：“我们多数人的毛病是，当机会朝我们冲奔而来时，我们兀自闭着眼睛，很少有人能够去追寻自己的机会。甚至被机会绊倒时，还不能看见它。”“狼卜”的天性造就了狼本身对待食物的方向和目标，狼的态度很单纯，那就是它对成功坚定不移的向往。人们常说，守株待兔，一事无成。然而，很大一部分人却都在做着守株待兔的事情。还有一句话讲：“是金子，总会发光的。”可事实上，许许多多的金子并没有发光，反而在时间的长河中默默无闻，甚至把灿烂的光辉埋葬，让人扼腕叹息。更多的一些人总是抱怨“千里马常有而伯乐不常有”，殊不知，当自己无限地幻想“总有那么一天”的时候，另一部分人早已主动出击，踏上了开拓“这一天”的征程。

机会，它是孤傲的，它是冷漠的，它也是忠实的、善良的。当我们像狼一样拥有“狼卜”的“天性”时，机会往往更不愿放开它抓住你的手。狼会拒绝食物吗？想让你的“天性”被机会垂青、被机会礼遇，那么，就主动出击，主动去“敲”机会的门吧，它从未拒绝任何一个欣赏它的人。

第 7 章

群狼无敌：互助合作，才能纵横捭阖

我们一进入社会，就必然会面临优胜劣汰的挑战，而一个人单枪匹马地闯荡绝对不是一个聪明的选择。因为个体的力量总是薄弱的，我们更需要强调集体主义、团队精神。这就如同群狼一样，彼此忠贞，相互依赖，这样它们的力量便会达到最大。团队精神应该同样受到我们的高度重视。

群狼携手打天下

携手合作，是创业成功的关键因素。在现在的经济社会，强强联合是谋求最大经济效益的必要手段。在任何时候，都要记住，上下同欲者胜。众所周知，狼是过群居生活的。狼在冬天一般会组成较大的群体，因为这时候小型动物大多会躲起来冬眠，而要猎杀大型动物就必须成群结队、携手合作才能成功。狼尚且如此，处于竞争激烈的现代社会的我们又何尝不是？“团队合作”这一理念，早已被大多数人所接受并实践。

我们都明白，“适者生存”是人类社会发展的必然趋势。进入社会，我们就必然会面临优胜劣汰的挑战。那么这个时候，一个人单枪匹马地闯荡绝对不是一个聪明的选择。叔本华说过，单个的人是软弱无力的，就像漂流的鲁滨孙一样，只有同别人在一起，他才能完成许多事业。我们中国人经常说“野心”，人都是有欲望的，所以，每个人的内心深处都有一颗“野心”。这并不可耻。狼性固然凶残，却从另一方面给我们不少有益的借鉴。狼是忠贞且依赖同类的，它们习惯联合，而不习惯离群索居。而每当它们联合在一起的时候，它们的力量便会达到最大。我们也一样，团队精神在这个社会是非常受重视的。大学生创业要讲团队精神，颇有成就的企业家也要讲团队精神，就连政坛上的领导也不能不讲团队精神。美国的韦伯斯特曾说过，人们在一起可以做出单独一个人所不能做出的事业。智慧、双手、力量结合在一起，几乎是万能的。

很多人都熟悉马云的故事。从最初的普通高校教师到中国最大的电子商务“帝国”—— 阿里巴巴的缔造者，马云创业的成功已成了一个美丽的神话。马云是最早在中国开拓电子商务应用并坚守互联网领域的企业家，他和他的团队创造了中国互联网商务众多第一：开办中国第一个互联网商业网站——“中国黄页”，提出并实践面向中小企业的 B2B 电子商务模式，为互联网商务应用播下最初的火种；他在中国网站全面推行“诚信通”计划，开创全球首个企业间网上信用商务平台；他发起并策划了著名的“西湖论剑”大会，并使之成为中国互联网最大的盛会。阿里巴巴汇聚了全球 220 个国家和地区的 1000 多万注册网商，每天提供超过 810 万条商业信息，成为全球国际贸易领域最大、最活跃的网上市场和商人社区。他有太多的故事，从开始的平凡到现在的备受瞩目，从一开始的遭人质疑到现在的品牌效应，我们看到了他的坚韧、他的付出、他的永不言弃。可是，诚如马云自己所说，他能获得成功，最该感谢的是他的团队。当初马云开创阿里巴巴网站的时候，可谓是对计算机一窍不通。朋友问他有关电子商务的问题，很多他都答不上来。可是，这并不影响他的创业。虽然他不懂商务，可是上帝给了他一项更伟大的才能，那就是领导才能。正如松下幸之助所说的，每个人都拥有不同的智慧及无可限量的潜能。当大家对此有所了解，并同心协力加以开发时，就能为社会带来繁荣。马云将队员的智慧充分发挥了出来，他团结了这些精英，让他们携手合作，从而发挥出无以匹敌的力量。虽然团队合作已在当今社会盛行，但仍然不乏自命不凡的人存在。尤其是一些刚走出校门的大学生，他们太高估自己的能力，以为只凭自己一个人的力量就可以获得成功。结果，反而在社会上处处碰壁，成功离他们愈加遥远。个体的力量总是薄弱的，所以才需要强调集体主义，强调团队精神。纵观历史，没有一个帝王可以只靠自己的力量而成功。一将功成万骨枯，他们的身边总是有一个团队，出谋划策、献计献力，然后才能有他们的功成名就。

现在，很多企业都寻求强强联合，充分利用彼此的长处，携手合作创造出最大的经济效益。这是当今社会的一大现象，也将成为未来商界的发展趋势。一匹狼也许凶残，真正斗起来，却未必能胜。但是，一群狼就不同了，它们联合而成的力量是我们所难以想象的。所以，不管是个人还是企业，如果你是弱者，那么，联合别人将是你唯一的出路；如果你是强者，那么联合别人将给你带来更大的成功。

狼群绝不内耗

用人不疑，疑人不用。合作讲究互信互利，内耗是损己利人的事，是聪明人就不会去做。合作贵在坦诚，要成功，就必须携手共进。

从古到今，发生过太多钩心斗角的事，内耗更是常有的事。尤其是宫廷斗争，就算彼此合作也是互相提防，提心吊胆。弄到最后，敌人还没打败，自己就先内战了，白白便宜别人坐收渔翁之利。在这一点上，人真的该向狼学习。人虽然比狼高级，思想更发达，可相对的，私欲也更重。而这一点，就直接导致了人与人之间的互相提防、明争暗斗。但是，狼就完全不同了，狼是群居性极高的动物。它们虽然是动物中较为凶残的一类，但却也是对同类最忠贞的一类。它们善于沟通，彼此合作，从来不会彼此背叛。尤其是雌雄配对的狼，它们甚至会一生都认定对方，直到死亡。内耗俗称“窝里斗”，这是一些人永远也难以克服的问题。无论古今，都有类似现象。在这个资源短缺的经济社会，内耗是很不可取的。它不仅浪费了社会上的各种有效资源，甚至破坏了企业内部公平，很容易造成企业亏损。简言之，如果一个企业开始内耗，那么，它也就离成功越来越远了。

哈萨克族有一句谚语：“团结的可贵，在敌人面前才会深知。”在现代，也许没有所谓“敌人”之类的认知，可是竞争对手又何尝不是一种“敌人”？社会越发达，竞争就越激烈。有的时候，过分激烈的竞争未必比不上古代宫廷或战场的争斗。商场如战场，在优胜劣汰面前，没有什么是不可能做出的，而种种不正当竞争也不可避免地发生。在这种情况下，企业能做的便是在创新的同时团结内部员工，否则，就算出现商业机密外泄之类的事也是不无可能的。

美国有一家公司，在20世纪30年代的时候，正好遇上经济大萧条，面临倒闭的风险。当时很多人都选择了离开，因为公司只剩下一个空壳，再待下去连自己都养不活。但是，就在公司总管决定放弃的时候，有三个年轻人站了出来。他们当中，一个有过人的技术，一个有一流的口才，还有一个拥有哈佛大学的管理学硕士学位。他们对总管只有一个要求，那就是给他们一年的时间经营公司，无论盈亏都自己负责。一年的时间内，一个利用技术研究产品，一个利用口才到处跑业务，另一个则负责管理公司内务。三人合作无间，吃饭睡觉几乎都在公司。而这样的努力终于也换来了回报，一年后，美国渐渐走出经济低谷，公司财政开始由赤字转向盈利。五年后，该公司的员工从原来剩下的三人达到86人。

该公司能够成功，应归功于这三个年轻人的聪明才智及不凡的能力。但是，其中最重要的还是他们众志成城的合作。他们是以真心在合作，他们有狼的智慧与雄心，他们更有狼群的合作精神。否则，少了他们中的任何一个，这个公司也不可能转亏为盈。孙权曾说过："能用众力，则无敌于天下矣。能用众智，则无畏于圣人矣。"古人尚且如此，我们现代人又为何做不到？既然是合作，就应该相信对方。我们中国人讲求互信互利，这也是我国对外交往的五大原则之一。那么，用在自己或企业身上，自然也该适用。狼尚且不内耗，我们也不该落于狼后，放开自己的胸襟，敞开胸怀，真诚以待，减少企业内耗未必就是难事。

要做到团体或企业内部不内耗，首先应该学会沟通。尤其是领导者，不能总是高高在上，而要深入团体内部甚至是基层，充分了解基层人员的思想。葛洛夫说过："管理者的最基本的功能是发展与维系一个畅通的沟通管道。"只有沟通才能解决团体间的矛盾与摩擦，永远不要妄想沉默可以解决一切。其次，要彼此团结。对待朋友抑或是队友要绝对忠诚，一个不肯对别人付出真心的人是不可能得到别人的真诚的。一个微笑就可以解决的问题，为什么要把它复杂化呢？只要我们愿意，坦诚相待并不是难事。最后，就是毫无芥蒂的合作。一个优秀的团队，需要每个队员的付出。只有合作，才能将彼此的能力充分发挥出来，从而减少资源的消耗，达到双赢的局面。总而言之，要想我们的团队像狼群一样无往而不胜，那么，我们就要先学会狼群的成功秘诀，那就是——绝不内耗！

分享是聪明的生存之道

资源共享是商品经济社会的一大显著现象。人与人之间，地方与地方之间，甚至国与国之间，都不约而同地加入了这一行列。没有人可以事事都依靠自己，想要成功，就必须学会分享。狼是很聪明的动物，在某一点上，甚至要超过人类，那就是狼群的成员之间不分你我的亲密合作。狼没有人那么明显的私欲，除了合作狩猎之外，狼群的成员之间还会互相照顾。对于刚出生的小狼，除了自己的父母之外，狼群的其他成员也会对其爱护有加。它们会分享食物，彼此合作，不会为了一点小事斤斤计较。这一点，人类真的是自叹弗如。人通常都是吝啬的，舍不得将自己的劳动成果拿出来分享。诚然，这是每个人都有的一大弱点。不过，随着社会的发展，人与人之间的交往愈加密切，“资源共享”这一理念开始深入人心，并逐渐被社会大众所接受。互联网之所以以所向披靡之势覆盖全球各地，一跃成为传播界的龙头老大，就是因为它有无限量的信息与资源可以供所有人分享。

从前，有两个饥饿的人在树林里迷路了。上帝分别赐予他们一杆猎枪和一只烤熟了的兔子。得到兔子的人很快就与另一个人分道扬镳了。他饿坏了，没多久就把兔子吃完了。但是，没等他走出树林，他便饿死了。而得到猎枪的人由于饥肠辘辘，连走路都没有力气，根本找不到猎物。好不容易看到一只兔子，却因为自己无力追赶，还被它跑掉了。没多久，这个人也饿死了。而另外两个饥饿的人也得到了上帝同样的恩赐，但是他们没有分开，而是一起先把兔子吃了，然后利用猎枪去抓其他动物。到后来，他们两人都走出了树林，并携手合作，娶妻生子，赚钱养家，过上了幸福的生活。有两个年轻人一起创业，本来计划好一个拉业务、一个搞设计，然后赚来的钱两个人平分。但是，过了一段时间，拉业务的人想：我在外面日晒雨淋，东奔西跑，还要看尽别人的脸色，他倒好，在家里吹空调，这太不公平了。于是，拉业务的人便不再往外跑，每次都敷衍了事。而搞设计的人想：我每次设计都要耗尽大量心血，经常熬夜，他却什么都不用想，每天都可以睡得很熟，钱却要两个人平分，哪有这么便宜的事？于是，搞设计的人也不再用心了，时间到了就吃饭睡觉，再也不管设计的水平了。没过多久，就不再有客户上门。两个人成天混日子，没多久便出现财政赤字。很快，两人刚创办的小公司便倒闭了。

这两个故事告诉我们，分享是聪明人的生存之道。奥斯特·洛夫斯基曾经说过，帮助不是单程票，帮助别人，就等于帮助自己。这在朋友间尤其适用。有的时候，互相帮助也是一种资源，是通向成功的桥梁。的确，若是我们能抛开狭隘的自私之心，心无芥蒂地和别人分享自己的成果，那么，我们离真正的成功一定不远了。科学不分国界，资源也一样。聪明人不会钻牛角尖，分享别人的成果并不代表我们不如他人，而是已经存在的东西，若是我们再费尽心力去研究就未免太浪费时间了。在这个竞争激烈的社会，我们没有时间浪费在已有的事物上。你说人家爱迪生已经发明电灯泡了，你还点着油灯，非得自己发明一个不可，有这个必要吗？很多时候，我们会看到这样的事情：某两个单位合作，签订协议，在某一方面可以免费使用某一资源。而在网上，我们也会发现很多网页下面列着其他网站的链接地址。其实，这也是一种分享。

随着商品经济的进一步发展，资源共享将更加普及。如果我们想要成功，就必须将我们狭隘的观念抛弃，大方地将自己的劳动成果拿出来供大家分享，因为我们提供的只有一样，可是收获的却远远不止这一样。狼都能拥有的智慧，我们没道理做不到，不是吗？懂得分享，就能最大限度地在激烈的竞争中得到有利的资源与信息，从而立于不败之地；懂得分享，才是聪明人的生存之道。

办大事更需懂合作

歌德说过，一个人不管他努力的目标是什么，单枪匹马总是没有力量的，合群永远是一切善良人的最高需要。合作讲究天时地利人和，只有达到这一点，才有可能冲破重重能难险阻，完成我们的理想和蓝图，办成我们心目中的大事。

现在是讲究团队合作的社会，就连中学的课堂上，老师也要求学生分组讨论。走进社会，不管是进公司当职员还是自己创业，都少不了团队合作。然而，大家都明白这一点，团队合作却并没有想象中那么顺利。有些团队因为内部矛盾，说散就散。有些团队也许能坚持到最后，可业绩却一直徘徊在较低的水平。真正高质量的合作绝不会出现如此令人尴尬的局面，这也是衡量团队优劣与否的重要标准。团队合作中，有的碌碌无为，有的大有作为，中间的差别就取决于合作的对象、合作的方法。要想合作成功，首先应该协调好员工的工作。员工若是不协调，再优秀的人才也没有用武之地，自然不可能带领团队走向成功。有这样一则寓言故事：大雁、海马和豹子一起拉一辆载满货物的马车，三个家伙套上绳索，用尽全力开始拉车。结果，费了半天劲，马车还是纹丝不动。原来，大雁一心向天上飞，海马一心向水里跑，而豹子则拼命向陆地上拉。三个截然不同的方向，当然不可能将车拉动。所以，不管你的员工多么能干，若是没有一致的方向，成功只能是天方夜谭。合作不只是几个人聚在一起这么简单，若是领导者不能运筹帷幄，员工不能“人尽其用”，这样的合作是不可能办成大事的。

有一个年轻人，怀着雄心壮志进了一家企业。初进公司，他便发现一个很不好的现象：员工之间互相排挤，明争暗斗，更不乏浑水摸鱼者。总而言之，这家公司的员工不仅能力有待提升，而且根本就像是一盘散沙，毫无凝聚力。于是，一进企划部，他便提出很多建议，并据此写了一份企划书。可是，很长一段时间过去了，公司还是没把他的企划列入考虑范围。后来，他才发现部门经理根本没打算把这份企划书交给总经理。于是，他便亲自捧着企划书站在总经理必经的电梯门口等他。他向总经理说明原因，并用简短的五分钟时间介绍了企划书的内容。总经理对他的话产生了兴趣，亲自请他到办公室详谈，并提升他为总经理特助，放权给他，表示他可以调动一切人力、物力、财力。年轻人详细整理了公司资料，进行了大刀阔斧的改革，将能力欠缺者裁掉，然后招募了一群有志向有能力的青年才俊。在他管理期间，除了注重发挥员工才能的利用，还特别注重员工间的合作。这样的改革赢得了各个部门的大力支持，公司业绩开始逐月上升。

这个故事告诉我们，想要办大事，合作是首要因素。中国有一句谚语：“小合作有小成就，大合作有大成就，不合作就很难有什么成就。”在“碌碌无为”和“有所作为”之间，相信很多人都会选择“有所作为”。但是，光有志向是远远不够的，还得寻求团队合作。如何合作，又有讲究。首先，团队的成员要有共同的志向。其次，每个成员都要体现其价值，团队不收无用之人。最后，团队要讲合作精神，无论做什么，都要携手共进。要知道，在团队里，最忌讳私心。《吕氏春秋》里有一句话："万人操弓，共射一招，招无不中。"所以，绝对不要小看合作的力量，更不要小看小合作与大合作的差别。成大事者，寻求的必然是大合作。那么，就要在谋划的时候统筹全局，在招募队员的时候寻求能人，在合作的时候坦诚相待，在成功的时候携手共进。如此合作，何愁办不成大事？

纪律严明，众志成城

无规矩不成方圆，凡事都讲纪律。每个人都有各自的思想，一百个人就有一百种不同的想法。若是没有纪律的约束，每个人都按自己的意愿行事，就如同一盘散沙，轻易被对手击败。相比于人，狼似乎比我们更聪明，它们好似更明白这个道理。狼也会单独行动，可狼却实实在在是群居动物，“群而攻之”是狼的最大特点。而狼群的团结也往往是人所不能及的。狼群绝对听从“带头狼”的命令，绝不违背。为了整个狼群的利益，老狼会以牺牲自己来和强大的对手“死缠”着撕咬，给狼群攻击对手的机会。狼群是有纪律的，一切都以整个狼群的利益为先。为了保护整个狼群的安全，已经暴露的、单独行动的狼会向狼群相反的方向“逃跑”来引开敌人。狼不会丢下自己受伤的同伴，可是为了整个狼群的利益，狼什么都愿意牺牲。动物界比狼强大的对手很多，可是狼却能够成为陆地生物食物链中的最高终结者之一，主要原因就是狼群具有严明的纪律，能众志成城。

就单个的人来说，比自己强的人很多，靠一个人的力量想在社会上长久地立足，几乎不可能。因此，合作很重要。既然要合作，就要有一个团队。一个团队必须有它的纪律，否则本质上还是单个的人而已。团队里的人是否能够听从“带头人”的命令，是否团结一致，毫无异心，一心想着整个团队的利益，甚至以牺牲个人的利益来维护团队的利益，这就直接关系到这个团队是否会成功。放眼世界的知名企业，不是它们的员工有多厉害，差别就在于知名企业的员工更团结，有更严明的纪律。

在某“创业”电视节目中，请来了两个同样年轻的创业团队A和B。A团队的成员都很优秀，相比A团队，B团队就显得有些平平。一开始，观看此节目的许多人都以为两个团队的比赛肯定是A团队赢。可是，最终胜出的却是B团队。节目播出了比赛的全过程。A团队的人通过抓阄挑选出了一名领导人。可是，由于其他人都觉得自己比那个领导人更强一些，自己更优秀，都不愿意听从领导人的安排，总是按照自己的想法行事。几个人总难以达成一致结果，浪费了比赛时间不说，做方案时都心不甘、情不愿地。最终定下来的方案，大家也都不甚满意。B团队采用的是最初轮流当领导人，等方案完成再抓阄的办法，于是每个人都有机会成为最终领导人。为了大家能正确对待自己的领导，自己也总是认真对待他人的领导。于是，每个人都很努力。最终，经过大家的共同努力，完美地完成了方案。而后来谁成为领导人，大家也毫无怨言，大家都看见自己的付出得到认可。

B团队的胜出，的确出乎一开始的预料。可是，仔细看来又在意料之中。因为B团队的纪律严明，每个人都为了整个团队在努力，大家都朝着同一个方向努力。虽然单个人不如A团队优秀，可是他们每个人为了团队的利益都遵守着严明的纪律，他们赢得理所当然。没有严明的纪律，彼此不团结，再优秀的人组成的团队也不可能成功。社会需要合作，我们需要合作。所以，我们必然要成为一个团队中的一员。不论是领导者还是被领导者，只有把整个团队的事当作自己的事，能够遵守一个团队的纪律，一切从整个团队的利益出发，和其他成员一起共同努力，才能够在激烈的竞争中脱颖而出。

也许你觉得自己在给别人作嫁衣很委屈，可是只有整个团队“胜出”了，团队中的我们才能够胜出。我们不必像狼一样要付出自己的生命来维护整个“狼群”的安全，我们只要稍稍放下自己太功利的心就可以。一言以蔽之，就是把团队的事真正当成自己的事来做。做好了，胜了，名利自然会来。否则，团队失败了，一个失败团队的成员有多大意思？坚守团队的严明纪律，众人一心，共同为团队努力，成就了团队也就成就了自己。

明确分工，各负其责

无论是分工的人，还是执行命令的人，作为团队的成员，都应明确自己的职责。分工的人不仅要明白自己的任务是明确给别人分工，还要认真负责任务的分配。一个人再厉害，也不可能什么都会。就算什么都会，也没有那么多的时间去完成太多的事情。而通往成功的路上偏偏有太多的事情要做，所以说分工很重要。只有大家分工合作，各尽其职，才能事半功倍。就这点而言，狼的确是我们学习的好榜样。我们追寻成功的过程就好似狼猎捕食物的过程。狼猎捕食物从来都是有计划的。狼群在头狼的指导下，接受不同的任务，寻找猎物、跟踪、踩点、设伏、列阵，这一系列的行动都由不同的狼来担当。每一匹狼在接收到头狼对自己的明确分工后，就会很认真地、心无旁骛地完成自己的本职任务。凭借每一匹狼各自出色完成的任务，狼群总能达到自己的目的，捕到想要得到的猎物。

我们同样需要和别人合作才能成功，而成功的过程也同样有许多的步骤，如谁做策划，谁负责推广，谁打理关系，谁做后台服务，等等。而这一连串的步骤，就需要大家一步步协同完成。这时，一个明确的分工能让团队中的人清楚地知道自己该做什么。然后，用心做好自己要做的事情就很重要。若是大家都不知道自己该做什么，一切就显得忙乱无序，无从下手，更谈不上看清成功的道路。无论是分工的人还是执行命令的人，作为团队的成员，都应明确自己的职责。分工的人不仅要明白自己的任务是明确给别人分工，还要认真负责任务的分配；而执行命令的人在接受任务后，要做的就是要清楚自己的任务是什么，要怎样才能完成自己的任务。只有大家都明白自己所处的位置，才能够做好自己该做的事，然后大家联合在一起，才能走向成功。若是大家都不知道自己该干什么，只是东一下西一下地做着杂乱无章的事情，只会让自己迷失方向。

陈东是一个很有抱负的人，大学毕业后在销售行业中摸爬滚打了三年，也算是做出了不错的业绩。陈东想，自己总不能一辈子给别人打工，给别人打工永远是给别人赚钱，什么时候自己才能富？自己还年轻，而且又有几年的工作经验，此时不创业更待何时？想到这里，陈东立即召集一批志同道合的人开始自己的创业之路。创业是陈东发起的，他也是最大的出资人，其他人基本也就只是出卖劳动力，陈东成了理所当然的领头人。陈东的确很善于做销售，可是策划公司他就真的不在行了。一开始，陈东只是简单地以为，有一些自己的老客源，自己有点资金，再让手下的人跑业务，开个公司不成问题。可真正到了要开公司的时候，才发现其实很麻烦。面对着一大堆的事情，陈东一团乱麻。手下的人倒是有懂策划的，但怕“头”不发话，自己就“毛遂自荐”，会招老板不待见，也不敢主动提出要做策划。陈东每天忙得不可开交，实在没那么多精力，开始对手下发话，让他们帮着自己点。可是，他也不明说大家该干什么，大家也是云里雾里，这做一下，那沾一点，越帮越忙。半年过去了，一切还和半年前一样没什么变化。手下的人不知自己这么瞎忙活着能忙出什么来，便走的走，抱怨的抱怨。苦于撑不下去，还劳心劳力，陈东准备继续做自己的老本行。而那个会策划的人终于鼓起勇气向陈东说起让自己做策划的事，并承诺用半年时间，一定让公司见起色。策划上任后，他就认真写了企业计划，然后召集大家开会，明确地将具体任务分到各人：谁和政府打交道，谁做企业网站，谁宣传公司，谁搞活动，等等。得到任务后，大家也不再抱怨，各自忙着自己的事情，专注于自己的职责。半年很快过去，而这半年的努力都没有白费，公司终于开始正常运行，陈东终于松了一口气。

任何事情，只有认真地分析了它，将它具体化，才够清晰。社会合作无处不在，我们总处在某个团队之中，不管是决策者，还是普通员工，我们都必须很清楚地知道自己要做的是什么，然后很用心地去做好它，才能使整个团队获得成功，而后自己获得成功。我们都有各自的特长，将自己的特长发挥在属于自己的职责上，只要专心致志地做好自己就好。人们常说一心不可多用，工作也是一样。我们不可能把所有的工作都包揽下来，这是毫无疑问的。我们所做的每一个完美的步骤联合在一起就是成功，谁的成绩都不可以抹掉，谁也不可以替代谁，合作是必不可少的。明确分工，做好自己的本职工作，一小步的完美是迈向成功的开始。

荣誉感，团队的灵魂

一个没有荣誉感的团队是没有希望的团队，一个没有荣誉感的员工不会成为一名优秀的员工。狼群之所以强大，是因为它们的团结，而它们的团结来自它们强烈的荣誉感。在狼群中，当一匹狼被攻击时，马上就会有几匹、几十匹狼冲过去帮忙，这就是狼群的合作精神，同时也是它们拥有强烈的荣誉感的具体表现。它们不允许自己的同伴被欺负，因为那将有损狼群的骄傲、有损狼群的威风。这就是狼的荣誉感，它为做一匹狼而感到无比骄傲。

在社会生活中，人们总是愿意自己及所处的团队比别人及别的团队更优秀，能受到众人的称赞、奖赏、仰慕。这一点与狼希望自己是最强大的一样。这就是我们的荣誉感，是使人积极向上、建立功勋的强大动力。曾经有人问三个正在教堂施工的建筑工人同一个问题："你在干什么？"第一个工人说："我在砌砖头。"第二个工人说："我在建世界上最大的教堂。"第三个工人说："我在建设一个净化人们心灵的场所。"三个人做着同样的工作，而最终的回答却有着天壤之别。其实，这种巨大的差异完全来源于他们对自己所做工作的荣誉感的认识。有没有荣誉感，荣誉感的大小，对工作的执行和结果具有决定性作用。砌砖头的工人将工作当作劳累的动作，面对的只是枯燥的、令人厌烦的工作。建世界最大教堂的工人将工作看成一项很骄傲的任务，他将得到成功后的喜悦。而建设净化心灵场所的工人将工作当作一次善举，将自己看作是善良的缔造者，他的工作是美丽的。荣誉感的大小决定了他们工作的热忱程度，也决定了这个团队的成功与否。

朱强先后在两家不同的公司从事了四年的销售工作，业绩一直很不错。后来，在一次销售交流会上，他被一家保险公司看中。保险公司出高薪让朱强来担任销售总监，朱强很是不情愿。因为朱强总觉得保险和卖实实在在的产品不一样，保险就像是骗人。在保险公司总经理的一再恳请下，朱强碍于面子便同意试一试。保险公司的销售总监有很多，每个总监领导一个团队，朱强只是其中的一个。总经理本以为凭朱强的销售经验一定能给公司带来较好的效益，可是眼看过了三个月，别的团队的业绩都蒸蒸日上，朱强的团队却是毫无建树。团队里的人更是死气沉沉，怨声载道，一点不像是搞销售的。总经理甚至开始怀疑朱强的能力是不是像大家说的那么强。一直不出业绩让总经理实在忍不下去了。于是，总经理找来朱强了解情况，而朱强也老实交代，说自己觉得做保险很丢人，就像骗子，连自己都说服不了，怎么去说服别人？朱强的这个回答倒是出乎总经理所料，不过他也明白了问题的症结：一个人对自己的工作没有荣誉感，怎么会有心做好这个工作呢？总经理不甘心放弃这么好的销售人才，便开始慢慢地改变朱强对保险的看法。

一段时间之后，朱强开始觉得自己当初是对保险太有偏见了。其实，保险是对大家很有帮助的一个事业，是因为大家和自己一样都了不太了解保险。认识到这一点，朱强觉得自己做的是一份社会公德，让大家真正认识保险并通过保险维护自己的利益。他开始觉得自己的这份工作是伟大的，于是他用各种方法把做保险的自豪感传递给他的团队成员。凭借朱强的销售才能和领导团队的能力，不久他带领的团队就赶了上来，业绩遥遥领先。看着自己的团队如此出色，团队里的成员都很高兴，为能够成为这个团队的一员而高兴，而大家也一扫当初的消极不满，越发用心工作。

一个团队的伟大并不是由于团队某些成员的伟大，而是他们作为一个集体的伟大。当这个团队所取得的成就让人产生敬佩之心时，团队的每一个成员都会在心中形成荣誉感，以团队为荣，以自己是这个团队的一员而自豪。同时，这种荣誉感又形成了强烈的责任感，促使团队的成员用实际行动去维护团队的荣誉和尊严。这就如同一支球队获得荣誉，球员一样会有荣誉感。个人荣誉与团队荣誉是密不可分的。20 世纪 90 年代的芝加哥公牛队获得了许多荣誉，也就出了很多位球星，如乔丹、科尔、格兰特。团队的荣誉与个体的荣誉休戚相关，一个人对自己的工作、对自己的团队有荣誉感，才能更好地营造团队。像一开始的朱强就是一个没有荣誉感的员工，他能成为一个积极进取、自动自发地员工吗？如果不能认识到荣誉的重要性，不能认识到荣誉对自己、对工作、对公司意味着什么，又怎能指望这样的员工去争取荣誉、创造荣誉呢？我们生存在社会上，就一定会是某个或者某些团队的一员。既然已经是团队的一分子，那么我们就该清楚地知道自己做的是什么，要怎样认真去对待，要怎样努力才能让自己觉得做这份工作很自豪，觉得成为这个团队的一员很骄傲。我们要对工作有责任感，要热爱我们的工作和团队。只有这样，才会为自己和团队创造荣誉，而团队的荣誉也会造就我们的荣誉。荣誉感是团队的灵魂，只有真正爱上自己的工作和团队，才能将以一切做好。否则，再怎么样也出不了大的业绩。那么，不管是为自己还是为团队，我们时刻都该有荣誉感。

兵贵于精，不在多

随着科学技术在战争中的应用，战争方法与战争样式等各个方面发生了革命性的变化。曾经以士兵人数为胜负关键的战争已经逐渐退出了历史舞台，现代战争已经对服役的军人有了更高的要求。不管是在《动物世界》，还是在“发现”频道，大家都能看到这样的景象：草原或山坡上成群结队的山羊、绵羊正休闲而惬意地吃着草儿。但是，一阵带有腥味的风吹来，成片的羊群就开始惊慌起来——狼来了！袭击羊群的狼的数量往往是几只，但就是这几只牙齿锋利、速度超群的狼，在羊群中刮起了一阵腥风血雨。不管是单只的羊还是成群的羊，都不是狼的对手……虽然狼吃羊是食物链的普遍规律，但这一现象也在某种程度上说明了 一个道理：数量不是胜负的关键——兵贵于精，不在多。

在我国历史上，有许多以少胜多的战役，牧野战役就是其中一个。当时，在商纣王的统治下，政治腐败，刑罚残酷，连年用兵，国内矛盾锐化，民不聊生，整个社会动荡不安。而这个时候，位于西部的诸侯周武王逐渐兴起，许多仁人志士投奔周武王。周武王不堪商纣王的昏庸统治，也苦于百姓悲惨的生活，于是带领士兵十万，向商纣王的都城朝歌进发。周军进攻的消息传至朝歌，朝廷上下一片惊恐。商纣王无奈之下，只好仓促部署防御。但此时商军主力还远在东南地区，无法立即调回。于是，商纣王只好武装大批奴隶，连同守卫国都的商军共约十七万人，开赴牧野迎战周师。由于武王重视谋略，士兵训练有素，同时武王亦在阵前鼓舞士气，令周师将士个个精神抖擞，士气高涨。而商纣王的武装奴隶由于长期受到压迫与虐待，身体状况与士气都十分低下。他们纷纷临阵起义，掉转矛戈，帮助周师作战。商纣王见大势尽去，仓皇逃回朝歌，登上鹿台自焚而死。于是，商朝灭亡。除此之外，破釜沉舟这个成语说的也是一场以少胜多的战役。当时，项羽担任了援赵大军的主帅，下令士兵每人带足三天的口粮，然后砸碎全部行军做饭的锅。项羽对将士们说道："没有锅，我们可以轻装前去，立即挽救危在旦夕的赵国。至于吃饭嘛，让我们到章邯军营中取锅做饭吧！"大军渡过了漳河之后，项羽又命令士兵把渡船全都砸沉，同时烧掉所有的行军帐篷。战士们一看退路没了，这场仗如果打不赢，就谁也活不成了，于是士气大振，个个都抱着拼个你死我活的决心前去战场。项羽指挥楚军包围了王离的军队，同秦军展开了九次激烈的战斗。渡河的楚军无不以一当十、以十当百，个个如下山猛虎，个个都奋勇拼杀。沙场之上，烟尘蔽日，杀声震天。楚军将士越斗越猛，直杀得山摇地动，血流成河。经过多次交锋，楚军终于以少胜多，把秦军打得大败。这就是著名的巨鹿之战。

我国历史上以少胜多的战役都充分地说明——兵贵于精，不在多。而在和平年代，"兵贵于精，不在多"的理念同样适用于职场。

无线网络科技公司是一家专做电脑软件的企业，软件开发部门里有两个团队。一队叫作空降部落，这组的人都是管理层的关系户，而且大部分都不是学软件开发的。他们每天来到公司，就利用办公室里的电脑聊天、打游戏、看新闻，而每月照样能拿到全额奖金。而另一队叫作工蜂队，这一组的人就像工蜂一样，"鞠躬尽瘁，死而后已"，上班忙得没有时间吃饭、喝水，还常常在公司通宵加班。当然，公司里的大部分软件业务都是工蜂队来完成的。但是，空降部落的好日子并没有持续多久。公司的新总裁上任之后，来了一次大洗牌，原先的管理层有一部分被清除出局，这也直接波及软件开发部门。最近，部门里的人都在揣测，什么时候洗牌会洗到他们头上来。这天下午，总裁亲自来到了软件开发部门。他为空降部落与工蜂队出了一道题，并说明，谁能在下班之前将程序写好，谁就能留在公司，否则请自动辞职。当然，最后的结果是空降部落全军覆没，工蜂队队员全部留了下来。被清扫出的空降队员有些还很不服气，他们向老板求情。老板只对他们说了一句话："软件开发这一行业并不打'人海战'，兵贵于精，不在多。我早就知道你们这些人有问题，我的公司不养闲人。"

所以，在最出色的狼群中，个个都骁勇善战，是速度与力量的化身。而对于成功的团队来说，每一个成员都应该是精英和干将。

第8章

狼情恩义：感恩、责任、忠诚谨记于心

人在诸多素养方面，实在无法与狼相媲美。可以说，这是人类的耻辱。在现代社会中，各行各业都在呼唤忠诚、强调责任、铭记恩情。这些美德就是一把无坚不摧的利器，如果每个人都能做到这些，那所形成的向心力将是无可匹敌的，更是不可战胜的。

知恩重情，有恩必报

感恩不是一件很难的事情，因为人是有情感的，用心感受，就能感觉到他人的善意。对于工作，感恩就是认真做自己的工作，对待工作不是像处理一堆没有生机的程序。劳伦兹在《狼性》一书中，讲了一个关于狼感恩的故事。在一次野外勘察中，汽车陷入积雪中，无法前行。正当人们为推不动车而犯愁时，出现了几只饿狼。人们赶紧上车，饿狼却围住了汽车。土著导游让人们把车里的食物扔给狼，狼被食物喂饱了，人们长出了一口气。狼离去了，而很快又回来了。你猜，接下来发生了什么事情？吃饱的狼衔了树枝而来，借助树枝帮汽车出了雪坑。再到积雪深的地方，又是那些狼帮着汽车前进，直到车到达山顶，开始下坡的路程。狼的这种感恩的举动深深地打动了在场的人。

狼尚且懂得感恩，何况我们高贵的人呢？我们在社会中成长、生活，经历好多困难或挫折，对于帮助自己的人，是不是应该心存感激呢？拥有一颗感恩的心，用心对待别人，对待别人的难处，对待自己的拥有。三顾茅庐的故事，妇孺皆知。刘备对诸葛亮的赏识和重视，让诸葛亮心怀感激，而这感激让他为蜀国尽心尽力地伐曹、兴蜀。蜀国之利益就是诸葛亮之利，蜀国之难就是诸葛亮之难，蜀国之兴盛就是诸葛亮之兴盛。诸葛亮可算得是对“刘老板”忠心且尽责的好“员工”了。事实上，认真就是你对工作的负责态度。责任心从何而来呢？下面的故事或许会让你明白：

王军从小家境不富裕，学习很努力，却因交不起学费而辍学。高中一毕业，他就到处找工作想挣钱。经过几年辛苦的边工作边自学，他掌握了一些电脑知识，还修了一所普通大学的经济系专业的专科。他终于在一家企业找到了一份理想的工作。对自己的命运的转变，他很是感激，也很珍惜工作机会。他认真对待工作，自己分内的工作做得很漂亮。不久，老板就注意到他，对他很是赏识，并提拔了他。王军对于自己的升迁很高兴，但并不放弃自己的认真态度，仍努力工作，同时也不断学习充实自己。

工作是一种机会，拥有这个机会，你才能实现自己的价值，让自己的人生更美好。感恩是什么，是对一切的感知和感谢。自己能够来到世界上，是母亲的赐予；父母、老师教导自己成长，成为有用的人。这些对自己来说，就是恩情。遇到挫折，别人的帮助也是恩。在公司有一个工作岗位，这也需要有一种感恩。自己的所得，也是一种人生的恩赐，我们都应该好好珍惜。懂得感恩，是责任心的出发点。所谓责任，就是对事情认真、努力。而感恩，是责任心的强大动力。工作来之不易，不是凭空而来，所以，要感恩并珍惜。对工作认真和努力，自己也会有所提高和进步，能力见长，自己也会获得老板的赏识，也许不久就会得到升迁。感恩是人的一种品德，也是工作时应有的良好心态。在大街小巷都飞扬着《感恩的心》这首歌的时候，你有没有从心里有一丝的颤动，对自己的每一天认真审视，看自己有没有做到对于恩情的感知和感激呢？

懂得责任，生死相报

在忙碌的生活中，人们手忙脚乱，疲惫不堪。虽然如此艰辛，却始终持之以恒，因为人的心中有一大动力来源——责任。责任是人类重如泰山的承诺。狼虽然没有人类高超的智慧，也不具有人类丰富的情感，但它一样知道感恩与负责。在狼群中，头狼具有保护其他狼的责任。一旦遭遇自然灾害和人类的屠杀，头狼都会不顾一切地肩负起解救狼群中受困狼的责任。而那些受到恩惠的狼，它们在头狼死后，也会将全心全意照顾已逝头狼的子女当作自己不可推卸的责任。下面的故事，发生在巴西热带雨林：

狼群中的冈萨要与头狼莫科决斗。两匹狼在决斗前达成协议：战死一方的子女要由胜利的一方负责照顾。最终，头狼莫科战死，而冈萨成了新的头狼。冈萨继承“王位”之后，在一个炎热的傍晚，它带着狼群觅食时遇到了猎人的阻击。冈萨指挥狼群向密林深处分散逃跑。但冈萨发现，平时较为低调和沉默的莫吉落在了后面，它在猎人一声接一声的枪声中显得十分狼狈。莫吉是前头狼莫科的孩子。在莫科的众多子女中，莫吉最为内向。大多数时候，它都是跟在狼群后面，别的狼怎样做它也怎样做。但冈萨没有想到，莫吉会在这种危急情况下落在后面……冈萨想起对莫科的承诺，于是它毫不犹豫地转头向猎人们奔去。猎人们看到了健壮的头狼，眼中立刻大放异彩，高兴地叫到："快！头狼在这里！它可比那匹小狼值钱多了！"于是，猎人们纷纷掉转枪头向冈萨射击。而莫吉就趁这时候逃脱了……虽然头狼莫科已经死了很久，但冈萨依然记得当年对它的承诺——照顾莫科的子女。冈萨将会肩负这个责任一生一世……

英国王子查尔斯曾经说过："这个世界上有许多你不得不去做的事情，这就是责任。""责任"不是普通的词汇，因为它有着沉甸甸的分量。"责任"不是一句空谈，因为它需要我们用灵魂去肩负。在我国的神话传说中，有许多为履行责任而舍生取义的人物：为了不让人类再受十个太阳的炙烤，天神后羿毅然举起神箭射向太阳；而身为炎帝之女的精卫鸟，长年衔石去填平东海，就是为了人们不再受肆虐的洪灾……能勇于承担责任的人是值得尊敬的。有一位平凡的农村妇女，她的丈夫驾驶着摩托车撞伤人之后逃逸。她知道以后，就担负起伤者的医药费用。为此，她拿出所有积蓄，变卖了家里的家具，后来甚至外出打工，沿街乞讨……这位农村妇女用自己瘦弱的肩膀，独自挑起了如山的责任。她的所作所为，令全社会都为之感动。但是，在人类社会中，仍然存在着许多不负责任的人。

谢丹就是一个喜欢夸夸其谈的列车乘警。他上班时最喜欢在餐车里跟女乘务员谈天说地。这天，是春节前半个月的一次出车。由于临近节日，上级三令五申要求乘警坚守岗位，防止节日前犯罪分子的偷抢行为。但是，谢丹根本没有把上级的命令重视起来。他跟两个女乘务员在软卧车厢里坐到11点钟之后，就径直爬上床铺睡觉了。途中列车长督促他到车厢里去巡查，但他只是随便翻一下身就又睡着了。没想到，4 点钟，突然传来消息，一名卧铺下铺的乘客随身携带的笔记本电脑和两万元现金不翼而飞！这下令谢丹慌了神，他立即与几名乘警到车厢里搜查。但搜着搜着，谢丹睡意又来了。他乘同事不注意，躲进厕所旁的洗手间内抽烟。而这时，窃贼就趁着这个机会把赃物转移了……

曾经有一位诗人，写了一首名叫“责任”的小诗：挂在嘴上/不如记在心上/记在心上/不如扛在肩上/它不一定/能使你的前程灯火般辉煌/但一定会/给你一份厚厚的人生礼物……人是高级动物，更应该比狼能承担责任。一个懂得肩负责任的人，就像拥有了坚不可摧的力量，不管遇到怎样的打击和磨难，都是一个纯粹与勇敢的人，值得尊敬与爱戴。而在责任面前做逃兵的，不仅会失去社会对他的信任，还会在滚滚的社会浪潮中溺水，成为一个彻彻底底的失败者。

为事业竭尽全力

《礼记》中说："国君死社稷，大夫死众，士死制。"这句话的意思是，不管是国君、位居要职的大臣，还是士兵，都要忠于职守，死而后已。"鞠躬尽瘁，死而后已"，是每个现代人都应遵循的行为准则。在狼群中，母狼肩负着一项极其重要的任务，那就是喂养幼狼。母狼会在猎食的过程中尽量多吃食物，努力将自己的胃填满。回到狼窝之后，再将胃里的东西吐出来喂给小狼。而且，每一匹母狼并不是只喂养自己的孩子，它的任务是喂养狼群里所有的幼狼。

多娅就是一匹狼群中的"喂崽狼"，它的年龄已经接近老年。几年前，多娅的孩子曾经在捕猎中被几头花豹围攻而死亡。但她依然没有对自己的职责有所懈怠。狼群中许多强壮的狼都是多娅养大的。但是，这年冬天，由于气候突变，许多原本常在冬天出没的动物变得十分稀少，多娅不得不增加了在外捕猎的时间。但就算是这样，多娅仍然不能将自己的胃填满。但是，想到嗷嗷待哺的小狼，多娅不得不赶回狼群。这个冬天异常寒冷，多娅在雪地中不停地奔跑着。跑着跑着，忽然，多娅眼前一阵眩晕，她晕倒在雪地里。当其他的狼找到多娅的时候，多娅由于把胃里的食物全部喂给了小狼并长期得不到休息，由于饥寒交迫，已经死在了雪地上。

喂养小狼，是母狼多娅一生的事业。这个责任，她一直承担到自己生命结束的那一天。

其实，在狼群中，像多娅这样的母狼并不少见。它们从来不计较自己在群落中能分配到多少食物，而是全身心投入，喂养着还不具备捕食能力的小狼。而母狼这种艰辛的喂养行为，使得它们的寿命都相对缩短。但到生命的最后一天，它们对自己的职责也没有疏忽。

三国时期，蜀主刘备死后，昏庸无能的刘阿斗继位。但刘后主只知享乐，把国内的军政大权交给了丞相诸葛亮。诸葛亮一面联吴伐魏，南征孟获，同时亦积极准备两次北伐。在最后一次北伐前夕，诸葛亮在《后出师表》中写下了千古名句“鞠躬尽瘁，死而后已”，表示了自己为蜀国大业奉献终生的决心和愿望。而我们的好总理——周恩来同志一生都在为祖国的强大与人民的幸福不懈地奋斗着。在少年时代，他就表明了自己的志向——“为中华之崛起而读书。”后来，他投身革命，参加广州农民讲习运动、发动南昌起义、带领红军过雪山草地……他为党的工作与建国大业做出了不朽的成就。而在他的晚年，周总理因身患绝症而不得不住进了医院。但是，就算是在医院里，他也坚持工作。用医护人员的话来说，他是把办公室搬到了医院。住院期间，他动过六次大手术、八次小手术，平均每四十天就要上一次手术台。但是，只要身体还能够支持，周总理仍然不放弃处理国家事务。周总理的一生，是真正的“鞠躬尽瘁，死而后已”的一生。“鞠躬尽瘁，死而后已”并不只是伟人或身居要职的人才应该做的事。在人们的日常生活中，对待工作和事业，每一个人都应该有这种精神。

余飞这个月就要离职了。他大学毕业之后就在这个城市里工作，他已经在这家公司工作了五个年头。但是明天，他就要离职了。余飞从小就喜欢这个城市，所以，他大学毕业后只身来到这里，发誓要在这里闯出一片天。五年里，余飞对工作认真负责，兢兢业业，赢得了老板与同事的一致喜爱。但是，五年之后，余飞却得知，妈妈换上了晚期乳腺癌，希望自己能回家与她一起走过最后的岁月。余飞毫不犹豫地同意了。其实，余飞并不舍得离开这家公司，因为下个月，余飞就能升上副总监的位置了。可惜，自己已经与这个职位无缘了。但是，余飞并没有因此就对工作有所懈怠，他依然把每天的工作记录做好，将自己该完成的工作全部完成并进行检查，而且还在临走时与曾经合作过的几个客户打一声招呼……忙完这些，已经是晚上八点半了。余飞走时，还将自己的办公区域打扫干净，关掉电脑和灯，他为公司尽了自己的最后责任……

"鞠躬尽瘁，死而后已"不仅是行为宗旨，而且还是生活态度。人生短暂，为自己的事业与兴趣竭尽全力，是狼带给我们的启示。鞠躬尽瘁，死而后已，鞠躬尽瘁，死而无憾！

忠诚能形成巨大的凝聚力

忠诚体现出最珍贵的情感和行为。无论一个人在集体中是以什么样的身份出现，对集体和领导者的忠诚都应该是一样的。违背忠诚原则，无论是个人还是组织都会遭受损失。无论是领导者还是个人，忠诚都会使其得到收益。狼是对家庭、对群体最忠诚的动物，这种忠诚超越了任何一种哺乳动物。同样，正是因为这种忠诚，令狼成为兽类中最具有聚集力的生物。狼群的体制与人类家庭的结构有着异曲同工之妙。狼不仅尊重长辈、爱护晚辈，公狼与母狼之间也会相互照顾，并共同抚养子女。同时，狼对群落中的成员以及大家共同的利益，都有着绝对的忠诚。

热带草原上的头狼加斯已经老了，它将狼群中的领袖位置传给了多路。但是，作为狼群的前首领，加斯依然受到狼群中每匹狼的尊敬。而新首领多路也总是会将捕到的猎物首先孝敬加斯。热带草原上处处都存在杀戮。有一天，老首领加斯受到了几只花豹的围攻。加斯靠自己的力量，咬伤了其中一头。但加斯毕竟已经老了，花豹的速度和攻击能力已经令加斯抵挡不住。就在围攻的花豹准备一起扑上去时，只听几声震慑心魂的狼嚎响起。紧接着，不远处一片暗灰压过来。原来，是多路带着狼群来解救加斯了。狼群将加斯围在了中间，花豹看到情况不对，连连后退。而加斯旁边的狼个个都表现得十分英勇与忠诚，不管谁会伤害前首领，它们都会拼上性命……

狼再一次向人类证明了它们身上令人感动的品质——忠诚。早在两千五百多年前，孔子就教导他的学生要“居之不倦，行之以忠”。意思就是说，平常工作要一丝不苟，办事也要讲究忠诚。提到忠诚，那就一定要说起“狼牙山五壮士”。1941 年，侵华日军调集七万余人的兵力，对晋察冀边区进行毁灭性大扫荡。五壮士英勇地担负起了掩护全连转移的任务。他们在与日军的周旋中，巧妙地利用有利地形，奋勇还击，多次打退了日军的还击，并将日本鬼子引向狼牙山绝路。五位壮士临危不惧，英勇阻击。他们的子弹打光以后，就抓起山上的石块向日军砸去。就这样，一直坚持到日落西山。面对步步逼近的日军，他们出于对党的忠诚，誓死不愿做日军的俘虏。于是，五壮士毁掉了手中的枪支，义无反顾地从数十米高的悬崖上跳下去。在抗日战争时期，正是由于各界人士对祖国的忠诚，才促成了国共合作，形成抗日统一战线，经过八年的艰苦斗争，彻底将日本鬼子赶出中华大地。战争年代，忠诚具有无法想象的强大凝聚力。和平年代，忠诚同样是人们对组织与国家的必备责任。尤其在职场上，不忠将会彻底毁灭一个人的前途。

朱莉是喜洋洋凉茶公司的总裁助理，她平时喜欢释放一些小道消息以排除异己。朱莉开始对年逾五十的总经理动起了脑筋。可惜，老板家庭和睦，儿女也很孝顺，所以朱莉一直没有下手的机会。但是，她的鬼主意却被老板娘看穿了。老板娘为了免除后患，毫不留情地将她解雇了。朱莉十分沮丧，但是她忽然想到一个再次获得工作的好方法。于是，她乘同事们下班的时候，避开公司保安，悄悄地潜回办公室，将喜洋洋公司的几种凉茶配方偷了出来。第二天，她就带着这些配方，来到了另一家凉茶公司。但是，新老板根本不敢接受朱莉的“馈赠”，因为喜洋洋是行业内的龙头，得罪了喜洋洋的老板，没准大家都没饭吃。所以，这家凉茶公司的老板吓得急忙把朱莉赶出了门。几天之后，当朱莉到其他的凉茶公司找工作时发现，她窃取前公司凉茶配方的事情已经全行皆知。朱莉再也无法在凉茶界立足……

人类在忠诚这方面，实在无法与狼相媲美。在现代社会中，有些人坚持利益第一的原则，为了利益可以放弃忠诚和尊严。但事实上，见利忘义的行为将会成为人生和事业中永远都抹不去的污点。目前，整个社会都在呼唤忠诚、渴望忠诚。忠诚是一种美德，更是一种力量。只要人人忠诚，所形成的向心力将是无可匹敌的，是不能战胜的。所以说，忠诚也是一种强大的生产力。

诚实守信是处世的金法则

一根小小的火柴，可以照亮一片天空；一片小小的绿叶，可以展现一个季节；一朵小小的浪花，可以汇成海洋。谁拥有诚信，谁就拥有了那根小小的火柴、那片小小的绿叶、那朵小小的浪花。请记住："诚实守信，一诺千金。"曾经有这样一个故事：一位智者得到了"健康、荣誉、机敏、才学、金钱、诚信"六个行囊。在过河时遇到大浪，船夫让他扔掉一个，不然就会葬身河底。智者最终扔掉了"诚信"。最后，智者安全返航了。但是，从此人们就对他避而远之，不愿与他交谈。在孤独中，他逐渐没落下去，从智者沦为了庸人。看到这里，读者会问，为什么智者会落得如此凄惨的下场呢？原因就是他丢失了人生最宝贵的美德——诚信。看来，智者不智啊！曾经有一个这样的故事，这个故事发生在加拿大。

老狼比卢在壮年的时候才回归了狼群。在回归之前，他曾经与小猎人火焰生活在一起。那个时候，比卢刚刚出生，被只有十几岁的小猎人火焰捡到，带回家收养。比卢的童年就是与火焰一起度过的。火焰常常带着比卢下河捕鱼，到草地上扑虫子，他们在一起玩得十分开心。但是，比卢长大以后，就离开了火焰，回到了狼群。从此，比卢与火焰失去了联系。后来，有一天，比卢与火焰在森林里再次相遇了，见到对方都十分高兴，并约好每天的这个时间都在这里见面。于是，每天，比卢都会到森林里的同一个地方来找火焰。但有一天，比卢等了很久都没有见到火焰。原来，火焰在打猎的时候摔断了腿，他无法到森林里与比卢玩耍。可就在火焰无法到来的这段时间内，比卢都会到森林里苦苦等待火焰的出现……老狼比卢的这种诚信，令人深深感动。

而《史记》里也曾讲过这样一个故事：

季札作为南方某国的使节，带了一把精美而锋利的宝剑随行。在北上的途中，季札拜访了徐国。徐国国君一眼就看中了季札的宝剑，并向季札询问可不可以将这把宝剑送给他。季札回答说，这把剑是一把十分宝贵的镇邪剑，因为自己要出访中原列国，所以现在还不能将剑送给他。但是，季札向徐国国君承诺，只要自己能从中原平安回来，一定将这把剑献给国君。三年之后，季札果然从北方顺利返回。他没有忘记当年在徐国的承诺，所以他带着宝剑再次来到了徐国。但没想到的是，徐国国君在一场大病之后就驾崩了。季札感到十分悲痛，于是他向新任的国君问明了前国君的坟墓地址，拜祭了一番，把宝剑挂在坟墓旁边的大树上就走了。

《季札挂剑》这个故事已编入小学课本，成为教育儿童诚实守信的良好事例。在我国古代，关于诚实守信的故事还有很多。春秋战国时，秦国的商鞅在秦孝公的支持下主持变法。但当时战争频繁、人心惶惶，为了树立威信，推进改革，商鞅下令在都城南门外立了一根三丈长的木头，并当众许下诺言：谁能把这根木头搬到北门，赏金十两。围观的人不相信搬起一根木头就能得到如此高的赏赐，结果没人肯出手一试。于是，商鞅将赏金提高到五十两。重赏之下，必有勇夫。终于，有人将木头扛到了北门。商鞅立即赏他五十两。商鞅这一举动，在百姓心中树立起了威信。接下来，变法很快就在秦国推广开了。新法使秦国渐渐强盛，最终统一了中国。而同样在商鞅“立木为信”的地方，却曾发生过一场令人啼笑皆非的“烽火戏诸侯”的闹剧。周幽王有个宠妃叫褒姒，为博取她的一笑，周幽王下令在都城附近 20 多座烽火台上点起烽火。烽火是边关报警的信号，只有在外敌入侵需召诸侯来救援的时候才能点燃。结果，诸侯见到烽火，率领兵将匆匆赶到。后来，诸侯才明白这只不过是君王为博妾一笑的玩闹。褒姒看到平日威仪赫赫的诸侯敢怒不敢言的样子，终于开心一笑。五年后，西夷太戎大举攻周，幽王烽火再燃而诸侯未到——谁也不愿再上第二次当了。结果，幽王被逼自刎，而褒姒也被俘虏。

一个“立木取信”，一诺千金；一个帝王无信，玩“狼来了”的游戏。结果，前者变法成功，国强势壮；后者自取其辱，身死国亡。可见，诚实守信对一个国家的兴衰存亡起着多么重要的作用。“八荣八耻”中提倡：“以诚实守信为荣，以见利忘义为耻。”目前，全社会都在大力倡导诚信。而在职场上，诚信的重要性也不言而喻。

雯雯的父母从小就对她的要求很高。但是，在巨大的压力下，雯雯反而没有考上大学。这下可把爸爸妈妈差点气死，他们发誓这辈子都不再管雯雯的事。没办法，雯雯只好自谋生路。她来到了另外一个城市，在自己的简历上将学历改成了“大学本科”，同时还找街上的复印店帮她做了几张毕业证书。就这样，雯雯在一家大公司找到了一个秘书的工作。但没想到，虚报学历伪造证书的人，这公司里还不止雯雯一个人。小刚也是一个在学历上掺水的员工，但是他进入公司没多久，就被人事部查处了。小刚这件事令公司开展了一次彻查员工学历的行动。没想到，最后发现虚报学历的人员竟然达到 58 人，这些人被公司立即解雇并永不录用。而雯雯就是这 58 个人中的其中之一。

诚信是事业成功的基础，也是人类不可缺少的优良品质。几千年来，社会始终将它作为做人的一个基本准则。不讲诚信的人，终将像过街老鼠那样，人见人厌，人人喊打。诚信是中华民族的优良传统，每个中国人都有责任将其发扬光大。

感恩之心是成功的助推剂

《三国志》中有一句话说得好："今皆感恩戴义，怀欲报之心。"知恩图报是中华民族的美德，每个中国人都有责任和义务将它继承下去。而在现实社会中，知恩图报已经成为优秀人士的一种必备素质。

中国有句成语叫作"狼心狗肺"，一般用来形容接受了别人的恩惠和帮助，却不知感激与回报的人。其实，这个成语是对狼极大的不公平。在动物界中，狼是懂得感恩的动物。也许很多人都不知道，狼与秃鹫是一对合作无间的搭档。狼在地面活动，虽然跑得快，但苦于视野有限，远一点的猎物根本看不见。而秃鹫在天空上飞翔，观察的范围要大很多，但可惜秃鹫只不过是"一只小小鸟"，虽然能抢先发现动物的尸体，但它的小爪子却无法撕开猎物厚重的毛皮。所以，秃鹫只好将狼引来，让狼用锋利的爪子剖开鲜嫩的血肉，秃鹫与狼就可以一起大快朵颐了。就因为这样，狼对秃鹫心怀感激。它知道，如果没有秃鹫的带领，自己绝对不会轻松地找到食物。所以，狼绝不攻击秃鹫。同时，每次捕猎，狼也会为专吃死肉的秃鹫留下一点。同时，在狼群汇集的加拿大，几乎没有狼攻击人的记录。这是因为，在那里温度较低，动物相对较少，而人们宰杀过牛羊之后，往往也会留一点给狼群。所以，在那里，人与狼是可以和谐共生、和睦相处的。

在我国历史上，也有很多知恩图报的故事：

鲁宣公时代，宣子山上打猎，忽然看到一个饿得快死的人躺在路上，便急忙下马查看他的情况。饿汉说："我已经三天没吃东西了。"于是，宣子立刻给了他一些食物。但是，饿汉将食物留下了一半。宣子问起原因，他说："我离家已三年了，不知道家中老母是否还活着。现在离家很近，请让我把留下的食物送给她。"宣子听后，让他把食物吃完，并为饿汉的老母准备了一篮食物。后来，宣子被灵公追杀。就在宣子在宫中左闪右避的时候，一名武士偷偷将宣子救出来。宣子为武士的行为感到十分奇怪，于是他问武士为什么要这样做。武士说："我就是当年你救下的那个饿汉。"

这个知恩图报的故事后来成为典故，杜甫在《奉赠韦左丞丈二十二韵》一诗中就引用了它——"常拟报一饭，况怀辞大臣"。在现代社会中，许多人在谈到自己所取得的成就时，往往将一切归功于自己的努力。但事实上，任何一个人都不可能通过单打独斗取得成功。一个人的成绩必然是通过其他人的帮助才实现的：在生活中，当你遇到麻烦时，家人和朋友会向你伸出友善之手；在工作上，一旦遇到麻烦，同事甚至上司和老板都乐于帮助你解决问题……所以，每个人都应该对给予你温暖和帮助的人充满感激并寻找机会报答。知恩图报不仅是每一个人的社会责任，同时也是自身取得成功的助推剂。

文鸿的父亲早死，父亲工厂的同事荣师傅就将文鸿带在身边，教他修车的技能并照顾他的生活。如果不是荣师傅，从小就没有爸爸的文鸿也许早就跟着附近的坏孩子们学抽烟、学打架了，说不定已经进了监狱。但是，这些都没有发生在文鸿的身上。文鸿十八岁那年，南下打工。现在，他已经是日本一家汽车厂的中国分公司总经理。但是，荣师傅就没有那么幸运了。他六十岁那年中风，虽然仍能动弹，但行动不那么利索。可惜，荣师傅的儿子又是个“气管严”，在老婆的强势政策下，儿子根本就不敢去照顾老爸。文鸿知道以后，立即买了飞机票回家，把荣师傅接到南方来。在文鸿的悉心照顾下，荣师傅已经能挎着菜篮子到市场上买菜，还能跟卖菜的大婶讨价还价呢！而文鸿知恩图报的事迹被一家报纸的记者知道了，他率先登门采访文鸿。而文鸿的事迹上报之后，他总经理的身份也随之曝光。一夜之间，他公司里的汽车销量上升了百分之五。这一成绩使文鸿再次升职，成为中国分公司的总裁。

知恩图报是建设和谐社会的基础。如果人人把这个通俗的格言落实在行动上，那么我们的后代必将是人格健全的建设者，我们的社会也必将是和谐的社会。而知恩图报也是做人的基本原则，人常说做事先做人，做好了人，事业也会取得相应的成功。

欺骗别人等于欺骗自己

欺骗是一种极不道德的行为。但偏偏有人就将欺骗当成荣耀，甚至当成事业。殊不知，他将别人带入骗局的时候，其实也令自己走上了一条不归路。草原上的狼群有这样一个规矩：每匹公狼每天都要外出捕猎，收获的食物一定要带回狼群里，然后头狼再根据食物的数量和质量分配给狼群中的狼食用。虽然这是一种十分不科学的劳动成果分配方式，但这毕竟是规矩，任何狼都要遵守。但是，狼群中总是有一些忤逆分子对分配方式有很大的意见。于是，它们有的在捕猎时先吃掉一部分食物，有的则将捕获的食物藏在某个地方。可这些办法都不能欺骗头狼很久。一旦头狼发现狼群里的狼对食物动了手脚，将会毫不留情地将它逐出狼群。

大家都知道，狼是群居动物，在茫茫的大草原上独自行动是非常危险的，一旦遇到了牧民，后果可想而知……在一本儿童书籍里，有这样一个故事：

有一位贤明而受人爱戴的国王，把国家治理得井井有条。国王年纪逐渐大了，但膝下并无子女。最后他决定，在全国范围内挑选一个男孩收为义子，培养成未来的国王。国王选子的标准很独特，给孩子们每人发一些花种并宣布：谁如果用这些种子培育出最美丽的花朵，那么谁将成为他的义子。孩子们领回种子后，开始精心培育，从早到晚，浇水、施肥、松土，谁都希望自己能够成为幸运者。而国王决定观花的日子到了。无数个穿着漂亮的孩子涌上街头，他们各自捧着开满鲜花的花盆，用期盼的目光看着缓缓巡视的国王。国王环视着争奇斗艳的花朵与漂亮的孩子们，并没有像大家想象中的那样高兴。忽然，国王看见了一个端着空花盆的孩子。国王把他叫到跟前，问他为什么花盆是空的。孩子懊恼地说道："我的种子不会发芽，也开不出一朵花。虽然我也很认真地栽培它……"这时，国王的脸上露出了开心的笑容，他把孩子抱起来说道："孩子，我找的就是你！因为我发给大家的都是煮熟的种子，只有你没有欺骗我。"

两个不同的故事告诉我们同一个道理：欺骗别人就等于欺骗自己。在利益的诱惑下，有人将欺骗他人当成荣耀甚至是职业。但是在这个世界上，没有任何一个骗局能永存，就像在食物上做了手脚的狼迟早都会被头狼识穿。而谎言一旦穿帮，布设骗局的人的一生信誉就会葬送。这就像一句俗语所说的："一次不忠，百次不容。"

秀风是地产中介的金牌销售员，她的战果相当辉煌。几年前在商场里卖枕头的时候，她曾经有过一天卖出六十个枕头的纪录。但由于做售货员的薪水微薄，秀风转做了佣金丰厚的地产经纪。改行房地产的秀风依然所向披靡，她曾经一天卖出过十套房子。其他销售员的业务与秀风相比，简直是望尘莫及。但是这一天，秀风刚刚与一个客户签了合同，转头又有一位买家出更高的价钱买同一套房子。当然，更高的成交价就代表会有更高的佣金。在利益驱使下，秀风只好对刚签了合同的客户进行欺骗："这栋房子其实有点邪的，前两个业主的老婆都莫名其妙地死了……"客户被吓住了，忙不迭地"退货"，而秀风则得意扬扬地顺利地将房子卖给了价高者。但客人在事后发现自己受骗了，怒火中烧，马上到秀风的公司投诉。而公司接到这项投诉之后，立即命令秀风停职两个月。视金钱如生命的秀风，算算自己两个月损失的钱，马上像个泄了气的皮球……

诚实为本，实在为人。诚实是人行走江湖的"免死金牌"。而欺骗是自作聪明的人爱耍的伎俩，不会长久，也不会有好结果。到头来，总是"机关算尽太聪明，反误了卿卿性命"。实际上，欺骗者最后一个欺骗的对象是自己。播种诚实，可以收获信誉；播种欺骗，只能收获失败。

牺牲自我，成全他人

在动物界中，很少有其他动物能像狼一样敢于牺牲自我来保卫群体。而自我牺牲精神在人类社会中也是越来越少见。当人们为了利益兵戎相见、斗得你死我活的时候，是否应该停下来向狼学习呢？自我牺牲是狼群合作精神的一种表现。因为狼知道，生存要付出巨大的代价，甚至是宝贵的生命。所以，为了团队中大多数狼的利益，每一匹狼都会做好随时牺牲的准备。

在牧民移居到班纳斯草原之前，狼群的主要食物是草原上成群结队的麝牛。而牧民来到之后，便开始大规模地捕杀麝牛。麝牛绝种后，狼群只好以牧民圈养的羊为食物，但这却招致牧民的痛恨和猎杀。有一次，一个猎人带了足够的弹药，准备捕杀几匹狼。这个猎人很快就遇到了狼群，而狼群也发现了这个荷枪实弹的猎人。于是，它们开始有序地向山谷中逃去。正当猎人举枪射击的时候，有三匹狼忽然停下了，它们回头用绿莹莹的眼睛望着猎人。猎人被这三双幽幽的眼睛弄得有些慌神，但他毕竟纵横沙场，经验丰富，于是快速开枪打死了这三匹狼。在猎人上前收拾这三匹狼的尸体时，却发现它们都十分强壮。这时，猎人才恍然大悟。原来，这三匹狼是用自己的血肉之躯吸引猎人，好让其他的同胞趁机逃走。想到这里，猎人感慨万千。而在民间，也流传着一个割肉喂鹰、自我牺牲的故事。世尊有一次外出，正好遇到一只饥饿的老鹰在追捕一只可怜的鸽子。鸽子对老鹰说：“你放过我吧！错过我，你还有下一个，可我的命只有这一条啊。”老鹰说：“我何尝不知道你说的道理，但我现在饿坏了，不吃你，我也没法活。这个世界，大家活着都不容易，不被逼到绝路，我也不会紧追不放的。”世尊听了，慈悲心起，就把鸽子伸手握住，藏到怀里。老鹰怒火中烧，跟世尊理论说：“世尊，你大慈大悲，救这鸽子一命，难道就忍心看着我饿死吗？”世尊说：“我不忍心你伤害这无辜的鸽子，又不想你饿死。有道是我不入地狱谁入地狱。”于是，他就拿出一把刀，割下自己身上的一块肉喂给了老鹰。

自我牺牲这种高尚的行为，在现在社会中已经越来越少见了。的确，每个人都想成为这个开放、活跃与自由年代的英雄，所以每个人的行为也都受着“个人主义”思想的指导。但其实，每个人的成功都是靠集体的力量来实现的。而为保全集体利益的自我牺牲精神，其实也是为日后的成功奠定基础。在一个团队与集体中，每个成员都要有一些为“大我”而牺牲“小我”的精神。这是因为，大我好，小我才能好。牺牲了自己，保全了集体，换个角度来说，是为自己开辟了另一条路，拓展了另一片天。